U0464376

数字图像变换原理与技术研究

张红梅　著

内蒙古出版集团

内蒙古科学技术出版社

图书在版编目（CIP）数据

数字图像变换原理与技术研究 / 张红梅著.—赤峰：
内蒙古科学技术出版社，2015.11（2022.1重印）
ISBN 978-7-5380-2616-0

Ⅰ.①数… Ⅱ.①张… Ⅲ.①数字图象处理 Ⅳ.
①TN919.8

中国版本图书馆 CIP 数据核字(2015)第 273981 号

出版发行：内蒙古出版集团　内蒙古科学技术出版社
地　　址：赤峰市红山区哈达街南一段 4 号
邮　　编：024000
邮购电话：(0476)5888903
网　　址：www.nm-kj.cn
责任编辑：张文娟
封面设计：李树奎
印　　刷：三河市华东印刷限公司
字　　数：93 千
开　　本：880×1230　1/32
印　　张：4.875
版　　次：2015 年 11 月第 1 版
印　　次：2022年1月第3次印刷
定　　价：38.00 元

序

本书旨在推广和研究数字图像处理中的变换技术，结合作者多年来在该领域的研究成果，将数字图像变换的一些常用及关键技术进行了深入的探讨和总结，并结合具体应用加以分析和拓展，具有一定的深度和实用价值。

本书内容大体分为数字图像处理概述和图像变换技术两大部分，其中数字图像处理概述主要介绍其发展背景、现状、关键技术和主要应用领域；图像变换技术部分详细介绍了图像变换中各类技术的基本原理和作者在该领域取得的研究成果，大体按照数字图像灰度变换、直方图处理、空间滤波、图像模糊技术、图像压缩、图像加密等几个方面进行介绍，涵盖了图像变换在工程实践中经常遇到的一些问题。

全书以数字图像处理中的变换技术为重点，介绍了大量的相关理论知识，易于读者由浅入深地学习，并加入了大量作者在这一方面的研究成果，特别是在有关直方图处理、图像点运算、中值滤波、离散余弦变换、多图像无损编码等方面都提出了自己的改进算法和见解。利用 MATLAB 软件将部分图像变换技术编写程序代码加以实现，进行了更深入的探讨，使理论与算法让读者易于理解，全书中多处提及利用 MATLAB 软件实现图像变换的系统实现，并将利用变换技术处理的图像前后效果加以对比和分析，以更加直观的方式加以演示，使读者能够对图像变换技术有更真切的了解和认识。

本书总结和提炼了作者在图像处理变换方面多年的研究成果，系统介绍了该领域的相关原理和技术，希望借此能帮助对数字图像处理变换技术感兴趣的科研人员，并能为读者解决一些实际问题。

在本书的编写过程中，得到了一项国家自然科学基金项目的资助，项目编号为 61373067；另外得到了一项内蒙古民族大学校级科研项目的资助，项目编号为 NMDYB15011，特此表示感谢！

目　录

第1章　　绪论..1

1.1　数字图像变换技术的研究内容、背景及应用........1

1.2　数字图像变换技术研究概况及发展方向.................3

第2章　　图像变换中的数学基础...................................7

2.1　阵列与矩阵操作...7

2.2　线性操作与非线性操作...8

2.3　算术操作...10

2.4　集合和逻辑操作...11

2.5　空间操作...14

2.6　变换操作...17

2.7　概率方法...20

第3章　　基于MATLAB实现数字图像处理.................22

3.1　数字图像的表示...22

3.2　读取图像...26

3.3　显示图像...28

3.4　保存图像...29

3.5　数据类...30

3.6　MATLAB 中的图像类型..31

3.7　基于 MATLAB 的图像处理系统的设计与实现.....38

第 4 章　灰度变换...48

4.1　灰度变换基础...48

4.2　基本的灰度变换函数...52

4.3　直方图处理...61

4.4　图像点运算在图像灰度变换中的应用与实现.......86

第 5 章　空间滤波...97

5.1　空间滤波基本原理...97

5.2　平滑滤波...99

5.3　锐化空间滤波...115

第 6 章　数字图像压缩与加密技术.........................125

6.1　数字图像压缩编码技术.....................................125

6.2　数字图像的加密技术...132

第 1 章 绪 论

1.1 数字图像变换技术的研究内容、背景及应用

数字图像处理是指将图像信号转换成数字信号并利用计算机进行处理的过程。其优点是处理精度高、处理内容丰富，可进行复杂的非线性处理，有灵活的变通能力，一般来说只要改变软件就可以改变处理内容。困难主要在处理速度上，特别是进行复杂的处理时。

图像变换技术是图像处理技术中的重要一环，它可以将图像变得更易处理，减少数学运算，为后续的图像处理做好铺垫。人类在感知外部世界信息时，有 60% 是通过视觉获得的，人的视觉系统是

一个非常好的信息处理系统，它能快速、有效地完成大量纷繁复杂的外部景物的识别、定位、追踪，并通过大脑作出相应的判断、处理。但通常这些以像素为单位给出的图像信息量是十分巨大的，往往不能直接用于图像分析和理解。而用于代表数字图像像素数据的阵列又很大，直接在空间域中进行处理，涉及计算量很大。因此，往往采用各种图像变换的方法，如傅立叶变换、沃尔什变换、离散余弦变换等间接处理技术，将空间域的处理转换为变换域处理，不仅可减少计算量，而且可获得更有效的处理（如傅立叶变换可在频域中进行数字滤波处理）。在实现图像变换的过程中，我们可以借助 MATLAB 数字图像处理软件，达到图像变换的目的，并通过对算法的进一步研究和改进，获得更好的图像增强、图像分析、图像压缩、图像加密解密的效果。高清晰度的图像一直都是人类追求的目标，图像增强和复原技术可以提高图像的质量，如去除噪声、提高图像的清晰度等。图像增强不考虑图像降质的原因，突出图像中所感兴趣的部分。如强化图像高频分量，可使图像中物体轮廓清晰、细节明显；如强化低频分量可减少图像中噪声影响。图像复原要求对图像降质的原因有一定的了解，一般讲应根据降质过程建立"降质模型"，再采用某种滤波方法，恢复或重建原来的图像。再者，由于计算机网络的蓬勃发展，图像编码压缩技术成为图像在网络中快速传输的一个重要课题，图像编码压缩技术可减少描述图像的数据量（即比特数），以便节省图像传输、处理时间和减少所占用的存储器容量。压缩可以在不失真的前提下获得，也可以在允许的失真条件下进行。编码是压缩技术中最重要的方法，它在图像处理技术中是发展最早且比较成熟的技术。可见，图像变换在图像处理过程中起着举足轻重的作用。

数字图像处理的早期应用是对宇宙飞船发回的图像所进行的各种处理。数字图像处理技术的发展涉及信息科学、计算机科学、数学、物理学及生物学等学科，因此数理及相关的边缘学科对图像处理科学的发展有越来越大的影响。图像处理技术的应用迅速从宇航领域扩展到生物医学、信息科学、资源环境科学、天文学、物理学、工业、农业、国防、教育、艺术等各个领域与行业，对经济、军事、文化及人们的日常生活产生着重大的影响。

1.2　数字图像变换技术研究概况及发展方向

1.2.1　数字图像变换技术的研究概况

自从美国在 1964 年开始通过卫星获得大量月球图片并运用数字技术对之进行处理之后，越来越多的相应技术开始被运用到图像变换处理方面，数字图像变换处理也作为一门科学占据了独立的学科地位，开始被各个领域的科学研究运用。图像技术再一次的飞跃式发展出现在 1972 年，标志是 CT 医学技术的诞生，在这种技术指导下，运用 X 射线计算机断层摄影装置，根据人的头部截面的投影，计算机对数据处理后重建截面图像，这种图像重建技术后来被推广至全身 CT 的装置中，为人类发展作出了跨时代的贡献。随后，数字图像变换处理技术在更多的领域里被运用，发展成为一门具有无限前景的新型学科。之后十年数字图像变换处理技术也朝着更高深的方向发展，人们开始通过计算机构建出数字化的人类视觉系统，这项技术被称为图像理解或计算机视觉。很多国家已在这方面投入了很多的研究精力，并取得了高深的研究成果，其中，20 世纪 70 年代末提出的视觉计算理论为后来计算机数字图像变换技术的理论发展提供了主导思想，但理论上如此，在实际操作上还存在很多困难。

1.2.2 数字图像变换技术的发展方向

经过近 90 年的发展，特别是第 3 代数字计算机问世后，数字图像变换处理技术出现了空前的发展，但存在一定的问题，具体体现在以下五个方面：

①在提高精度的同时着重解决处理速度的问题,巨大的信息量、数据量和处理速度仍然是一对主要矛盾。

②加强软件的研究和开发新的处理方法,重点是移植其他学科的技术和研究成果。

③边缘学科的研究(如人的视觉特性、心理学特性的研究的突破)促进图像处理技术的发展。

④理论研究已逐步形成图像处理科学自身的理论体系。

⑤建立图像信息库和标准子程序,统一存放格式和检索。

数字图像变换处理技术的未来发展大致可归纳为:图像变换处理随着高清晰度电视的出现,将开展实时图像变换处理的理论及技术的研究,向高速、高分辨率、立体化、多媒体化、智能化和标准化发展;图像与图形相结合,将朝着三维成像或多维成像的方向发展;硬件芯片方面,会将图像变换处理的众多功能固化在一个芯片上;在新理论与新算法方面的研究也会有进一步的进展。在图像变换处理领域,近几年来引入了一些新的理论并提出了一些新的算法如小波分析、分析几何、形态学、遗传算法和人工神经网络等。

参考文献

[1] 刘中合,王瑞雪,王锋德等.数字图像处理技术现状与展望[J].

计算机时代，2005，1(9):6-8.

[2] 姚敏. 数字图像处理[M]. 北京：机械工业出版社，2006.

[3] 章毓晋. 图像处理和分析[M]. 北京：清华大学出版社，2004.

[4] 郝文化. MATLAB 图形图像处理应用教程[M]. 北京：中国水利水电出版社，2003.

第 2 章　图像变换中的数学基础

2.1　阵列与矩阵操作

包含一幅或多幅图像的阵列操作是以逐像素为基础执行的。图像可以等价地被看成是矩阵。事实上，在很多情况下，图像间的操作是用矩阵理论执行的。基于这个原因，阵列与矩阵操作间的区别必须搞清楚。例如，考虑下面的 2×2 图像：

$$\begin{bmatrix} a_{11} & a_{12} \\ a_{21} & a_{22} \end{bmatrix} \text{和} \begin{bmatrix} b_{11} & b_{12} \\ b_{21} & b_{22} \end{bmatrix}$$

这两幅图像的阵列相乘是

$$\begin{bmatrix} a_{11} & a_{12} \\ a_{21} & a_{22} \end{bmatrix} \begin{bmatrix} b_{11} & b_{12} \\ b_{21} & b_{22} \end{bmatrix} = \begin{bmatrix} a_{11}b_{11} & a_{12}b_{12} \\ a_{21}b_{21} & a_{22}b_{22} \end{bmatrix}$$

另一方面，矩阵相乘由下式给出：

$$\begin{bmatrix} a_{11} & a_{12} \\ a_{21} & a_{22} \end{bmatrix} \begin{bmatrix} b_{11} & b_{12} \\ b_{21} & b_{22} \end{bmatrix} = \begin{bmatrix} a_{11}b_{11}+a_{12}b_{21} & a_{11}b_{12}+a_{12}b_{22} \\ a_{21}b_{11}+a_{22}b_{21} & a_{21}b_{12}+a_{22}b_{22} \end{bmatrix}$$

像素的阵列与矩阵操作是图像的基础操作方式，例如，当我们谈到一幅图像的求幂时，意味着每个像素均进行求幂操作；当我们谈到一幅图像除以另一幅图像时，意味着在相应的像素对之间进行相除，等等。

2.2 线性操作与非线性操作

图像处理方法的最重要分类之一是它是线性的还是非线性的。考虑一般的算子 H，该算子对于给定的输入图像 $f(x,y)$ 产生一幅输出图像 $g(x,y)$：

$$H[f(x,y)] = g(x,y) \qquad (2.2\text{-}1)$$

如果

$$H[a_i f_i(x,y) + a_j f_j(x,y)] = a_i H[f_i(x,y)] + a_j H[f_j(x,y)]$$
$$= a_i g_i(x,y) + a_j g_j(x,y)$$

$$(2.2\text{-}2)$$

则称是一个线性算子，其中 a_i，a_j，$f_i(x,y)$ 和 $f_j(x,y)$ 分别是任意常数和图像（大小相同）。式 2.2-2 指出是线性操作，

8

因为两个输入的和与分别对输入进行操作然后再求和得到的结果相同。另外，输入乘以常数的线性操作的输出与乘以原始输入的操作的输出是相同的。第一个特性称为加性，第二个特性称为同质性。

作为一个简单的例子，假设 H 是求和算子 $\sum$，即该算子的功能是对输入简单地求和。为检验其线性，我们从式（2.2-2）的左侧开始，并且试图证明它与右侧相等：

$$
\begin{aligned}
\sum[a_i f_i(x,y) + a_j f_j(x,y)] &= \sum a_i f_i(x,y) + \sum a_j f_j(x,y) \\
&= a_i \sum f_i(x,y) + a_j \sum f_j(x,y) \\
&= a_i g_i(x,y) + a_j g_j(x,y)
\end{aligned}
$$

其中第一步遵循求和是分布式的这样一个事实。因此，左边的展开等于式（2.2-2）的右边，从而我们得出该求和算子是线性的这一结论。

另一方面，考虑最大值操作，其功能是在图像中寻找像素的最大值。针对这一目的，证明该操作是非线性的最简方法是寻找一个测试式（2.2-2）时失败的例子。考虑下列两幅图像：

$$
f_1 = \begin{bmatrix} 0 & 2 \\ 2 & 3 \end{bmatrix} \text{和} \; f_2 = \begin{bmatrix} 6 & 5 \\ 4 & 7 \end{bmatrix}
$$

并假设令 $a_1 = 1$ 和 $a_2 = -1$。为了对线性进行测试，我们再次从式（2.2-2）的左侧开始：

$$\max\left\{(1)\begin{bmatrix} 0 & 2 \\ 2 & 3 \end{bmatrix} + (-1)\begin{bmatrix} 6 & 5 \\ 4 & 7 \end{bmatrix}\right\} = \max\left\{\begin{bmatrix} -6 & -3 \\ -2 & -4 \end{bmatrix}\right\} = -2$$

下一步，做右边，我们得到

$$(1) \ \max\left\{\begin{bmatrix} 0 & 2 \\ 2 & 3 \end{bmatrix}\right\} + (-1) \ \max\left\{\begin{bmatrix} 6 & 5 \\ 4 & 7 \end{bmatrix}\right\} = 3 + (-1)7 = -4$$

这种情况下，式（2.2-2）的左边和右边并不相等，因此我们证明了通常求最大值的操作是非线性的。

2.3 算术操作

图像间的算术操作是阵列操作，如 2.1 节中讨论的那样，其意思是算术操作在相应的像素对之间执行。4 种算术操作表示为：

$$s(x, y) = f(x, y) + g(x, y)$$

$$d(x, y) = f(x, y) - g(x, y)$$

$$p(x, y) = f(x, y) \times g(x, y)$$

$$v(x, y) = f(x, y) \div g(x, y) \tag{2.3-1}$$

它可理解为是在 f 和 g 中相应的像素对之间执行操作，其中

$x = 0,1,2,\cdots,M-1$，$y = 0,1,2,\cdots,N-1$。通常，M 和 N 是图像

的行和列。很清楚，s，d，p 和 v 是大小为 $M \times N$ 的图像。注意，

按照刚才定义的方式，图像算术操作涉及相同大小的图像。

2.4 集合和逻辑操作

（1）基本集合操作

令 A 为一个实数序对组成的集合。如果 $a = (a_1, a_2)$ 是 A 的一

个元素，则将其写成

$$a \in A$$

同样的，如果 a 不是 A 的一个元素，则写成

$$a \notin A$$

不包含任何元素的集合称为空集，用符号 ϕ 表示。

集合由两个大括号表示，即 $\{ \}$。例如，当我们将一个表达

式写成 $C = \{w \mid w = -d, d \in D\}$ 的形式时，所表达的意思是：集

合 C 是元素 w 的集合，而 w 是通过用 -1 与集合 D 中的所有元

素相乘得到的。该集合用于图像处理的一种方法是令集合的元素为图像中表示区域（物体）的像素的坐标（整数序对）。

如果集合 A 中的每个元素又是另一个集合 B 中的一个元素，则称 A 为 B 的子集，表示为

$$A \subseteq B.$$

两个集合 A 和 B 的并集表示为

$$C = A \bigcup B.$$

这个集合包含集合中的所有元素。类似地，两个集合 A 和 B 的交集表示为

$$D = A \bigcap B.$$

这个集合包含的元素同时属于集合 A 和 B。如果 A 和 B 两个集合没有共同的元素，则称这两个集合是不相容的或互斥的。此时，

$$A \bigcap B = \phi.$$

全集 U 是给定应用中的所有元素的集合。根据这一定义，给定应用的所有集合元素是对于该应用所定义的全部成员。例如，如果处理实数集合，则集合的全集是实数域，它包含所有的实数。在图像处理中，我们一般将全集定义为包含图像中所

有像素的正文形。

　　集合 A 的补集是不包含于集合 A 的元素所组成的集合，表示为

$$A^c = \{w \mid w \notin A\}$$

　　集合 A 和 B 的差表示为 $A - B$，定义为

$$A - B = \{w \mid w \in A, w \notin B\} = A \bigcap B^c$$

我们可以看出，这个集合中的元素属于 A，而不属于 B。例如，我们可以根据 U 并做集合的差操作来定义 A^c，即 $A^c = U - A$。

（2）逻辑操作

　　在处理二值图像时，我们可以把图像想象为像素集合的前景（1 值）与背景（0 值）。然后，如果我们将区域（目标）定义为由前景像素组成，则集合操作就变成了二值图像中目标坐标间的操作。处理二值图像时，OR、AND 和 NOT 逻辑操作就是指普通的并、交和求补操作，其中"逻辑"一词来自逻辑理论，在逻辑理论中，1 代表真，0 代表假。

　　考虑由前景像素组成的区域（集合）A 和 B。这两个集合的 OR（或）操作结果不是属于 A，就是属于 B，或者属于两者。AND 操作是共同属于 A 和 B 的元素的集合。集合 A 的 NOT 操作

是不在 A 中的元素的集合。因为我们要处理图像,如果 A 是给定的前景像素的集合,那么 NOT(A) 是图像中不在 A 中的所有像素的集合,这些像素是背景像素,并有可能是其他前景像素。我们可以将该操作想象为:把 A 中的所有像素转换为 0(黑色),并把所有不在 A 中的元素转换为 1(白色)。

2.5 空间操作

空间操作直接在给定图像的像素上执行。我们把空间操作分为三大类:单像素操作、邻域操作、几何空间变换。

(1)单像素操作

我们在数字图像中执行的最简单的操作就是以灰度为基础改变单个像素的值。这类处理可以用一个形如下式的变换函数 T 来描述:

$$s = T(z) \qquad (2.5\text{-}1)$$

其中,z 是原图像中像素的灰度,s 是处理后图像中相应像素的(映射)灰度。例如,图 2.1 表示出了得到一幅 8 比特负图像的变换。

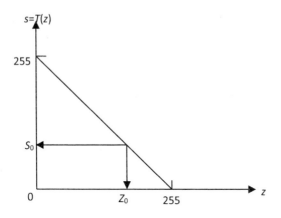

图 2.1　8 比特图像的负图像的灰度变换函数

其中，箭头显示了任意输入灰度值 z_0 到对应输出值 s_0 的变换。

（2）邻域操作

令 s_{xy} 代表图像 f 中以任意一点 (x, y) 为中心的一个邻域的坐标集。邻域处理在输出图像 g 中的相同坐标处生成一个相应的像素，该像素的值由输入图像中坐标在 s_{xy} 内的像素经指定操作决定。例如，假设指定的操作是计算在大小为 $m \times n$、中心在 (x, y) 的矩形邻域中的像素的平均值。这个区域中像素的位置组成集合 s_{xy}。图 2.2 说明了这一过程。我们可以用公式的形式将这一操作描述为

$$g(x, y) = \frac{1}{mn} \sum_{(r,c) \in s_{xy}} f(r, c) \qquad (2.5\text{-}2)$$

其中，r 和 c 是像素的行和列坐标，这些坐标是 s_{xy} 中的成员。图像 g 是这样得到的：改变坐标以便邻域的中心在图像 f 中从一个像素到另一个像素移动，并在每一个新位置重复邻域操作。

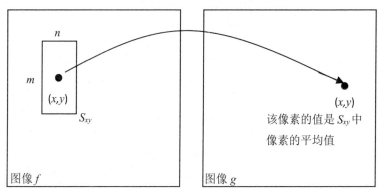

图 2.2　矩形邻域的过程

（3）几何空间变换和图像配准

几何变换改进图像中像素间的空间关系。这些变换通常称为橡皮膜变换，因为它们可看成是在一块橡皮膜上印刷一幅图像，然后根据预定的一组规则拉伸该薄膜。在数字图像处理中，几何变换由两个基本操作组成：坐标的空间变换和灰度内插。灰度内插即对空间变换后的像素赋灰度值。

坐标变换可由下式表示：

$$(x, y) = T\{(v, w)\} \qquad (2.5\text{-}3)$$

其中，(v, w) 是原图像中像素的坐标，(x, y) 是变换后图像中像素的坐标。例如，变换 $(x, y) = T\{(v, w)\} = (v/2, w/2)$ 在两个方向上把原图像缩小一半。最常用的空间坐标变换之一是仿射变换，其一般形式如下：

$$[x \quad y \quad 1] = [v \quad w \quad 1]\, T = [v \quad w \quad 1] \begin{bmatrix} t_{11} & t_{12} & 0 \\ t_{21} & t_{22} & 0 \\ t_{31} & t_{32} & 1 \end{bmatrix} \qquad (2.5\text{-}4)$$

这个变换可根据矩阵 T 中元素所选择的值，对一组坐标点做尺度、旋转、平移或偏移。

2.6 变换操作

到目前为止，讨论的所有图像处理方法都是直接在图像像素上进行操作，即直接工作在空间域。在有些情况下，通过变换输入图像来表达图像处理任务，在变换域执行指定的任务，之后再用反变换返回到空间域会更好。表示为 $T(u, v)$ 的二维线性变换是一种特别重要的变换，其通用形式可表达为

$$T(u, v) = \sum_{x=0}^{M-1} \sum_{y=0}^{N-1} f(x, y) r(x, y, u, v) \qquad (2.6\text{-}1)$$

其中，$f(x,y)$ 是输入图像，$r(x,y,u,v)$ 称为正变换核，式中对

$u = 0,1,2,\cdots,M-1$ 和 $v = 0,1,2,\cdots,N-1$ 进行计算。与以前一样，x

和 y 是空间变量，M 和 N 是 f 的行和列，u 和 v 称为变换变量。

$T(u,v)$ 称为 $f(x,y)$ 的正变换。给定 $T(u,v)$ 后，我们可以用 $T(u,v)$

的反变换还原 $f(x,y)$：

$$f(x,y) = \sum_{u=0}^{M-1}\sum_{v=0}^{N-1}T(u,v)s(x,y,u,v) \qquad (2.6\text{-}2)$$

其中，$x = 0,1,2,\cdots,M-1$，$y = 0,1,2,\cdots,N-1$，$s(x,y,u,v)$ 称为

反变换核。上述两式一起称为变换对。

图 2.3 显示了线性变换域执行图像处理的基本步骤。首先，

变换输入图像，然后用预定义的操作修改该变换，最后，输出

图像由计算修改后的变换的反变换得到。这样，我们可以看出，

该过程是从空间域到变换域，然后返回到空间域。

图 2.3　线性变换域中操作的一般方法

如果

$$r(x, y, u, v) = r_1(x, u)r_2(y, v) \qquad (2.6\text{-}3)$$

那么所谓的正向变换核是可分的。另外，如果 $r_1(x, y)$ 等于 $r_2(x, y)$，

则称变换核是对称的，从而有

$$r(x, y, u, v) = r_1(x, u)r_1(y, v) \qquad (2.6\text{-}4)$$

在前面的公式中，若用 s 代替 r，则同样地说明适用于反变换核。

二维傅里叶变换有如下正、反变换核：

$$r(x, y, u, v) = e^{-j2\pi(ux/M + vy/N)} \qquad (2.6\text{-}5)$$

和

$$s(x, y, u, v) = \frac{1}{MN} e^{j2\pi(ux/M + vy/N)} \qquad (2.6\text{-}6)$$

其中，$j = \sqrt{-1}$，因此这些核是复数。将这些核代入式（2.6-1）

和式（2.6-2）给出的通用变换公式中，可以得出离散傅里叶变换

对：

$$T(u, v) = \sum_{x=0}^{M-1} \sum_{y=0}^{N-1} f(x, y) e^{-j2\pi(ux/M + vy/N)} \qquad (2.6\text{-}7)$$

和

$$f(x, y) = \frac{1}{MN} \sum_{u=0}^{M-1} \sum_{v=0}^{N-1} T(u, v) e^{j2\pi(ux/M + vy/N)} \qquad (2.6\text{-}8)$$

从基础意义上说，这些公式在数字图像处理中是很重要的。

2.7 概率方法

概率以很多方式用于图像处理工作。最简单的方式是我们以随机量处理灰度值。例如，令 z_i，$i = 0,1,2,\cdots,L-1$ 表示一幅 $M \times N$ 大小数字图像中所有可能的灰度值，则在给定图像中灰度级 z_k 出现的概率 $p(z_k)$ 可估计为

$$p(z_k) = \frac{n_k}{MN} \tag{2.7-1}$$

其中，n_k 是灰度 z_k 在图像中出现的次数，MN 是像素总数。显然，

$$\sum_{k=0}^{L-1} p(z_k) = 1 \tag{2.7-2}$$

一旦我们知道了 $p(z_k)$，就可以得出许多重要的图像特性。例如，平均灰度由下式给出：

$$m = \sum_{k=0}^{L-1} z_k p(z_k) \tag{2.7-3}$$

类似地，灰度的方差是

$$\sigma^2 = \sum_{k=0}^{L-1} (z_k - m)^2 p(z_k) \tag{2.7-4}$$

方差是 z 值关于均值的展开度的度量，因此它是图像对比度的有用度量。通常，随机变量 z 关于均值的第 n 阶矩定义为

$$\mu(z) = \sum_{k=0}^{L-1} (z_k - m)^n p(z_k) \qquad (2.7\text{-}5)$$

我们看到，$\mu_0(z) = 1$，$\mu_1(z) = 0$ 且 $\mu_2(z) = \sigma^2$。反之，均值和方差对于图像的视觉特性有明显的直接关系，高阶矩更敏感。例如，一个正三阶矩指出其灰度倾向于比均值高，负三阶矩则指出相反的条件，并且三阶矩告诉我们灰度近似相等地分布在均值的两侧，这些特性对于计算目的很有用，但它们一般不能告诉我们更多图像外观的内容。

参考文献

[1] 陈建宁. 数字图像的代数运算[J]. 福建电脑，2010，12.

[2] 冈萨雷斯. 数字图像处理[M]. 第 2 版. 北京：电子工业出版社，2003.

[3] 姚敏. 数字图像处理[M]. 北京：机械工业出版社，2006.

[4] 张红梅. 基于 MATLAB 的图像处理系统的设计与实现[J]. 内蒙古民族大学学报：自然科学版，2009，3.

第3章 基于 MATLAB 实现数字图像处理

MATLAB 语言以强大的科学运算、灵活的程序设计流程、高质量的图形可视化与界面设计、与其他程序和语言便捷的接口功能，成为当今国际科学界（尤其是自动控制领域）最具影响力、最有活力的软件。

3.1 数字图像的表示

一幅图像可以被定义为一个二维函数 $f(x,y)$，其中 x 和 y 是空间（平面）坐标，f 在任何坐标点 (x,y) 处的振幅称为图像在该点的亮度。灰度是用来表示黑白图像亮点的一个术语，而彩色图像是由单个二维图像组合形成的。在 RGB 彩色系统中，一幅彩色图像是由三幅独立的分量图像（红、绿、蓝）组成的。因此，许多为黑白图像处理开发的技术也适用于彩色图像处理，方法是分别处理三幅独立的分量图像即可。图像关于 x 和 y 坐标及振幅连续，要将这样的一幅图像转化成数字形式，就要求数字化坐标和振幅。将坐标值数字化称为取样，将振幅数字化称为量化。因此，当 f 的 x, y 分量和振幅都是有限且离散的量时，称该图像为数字图像。

3.1.1 坐标约定

取样和量化的结果是一个实数矩阵。在本书中，我们用两种主要方法来表示数字图像。假设对一幅图像 $f(x, y)$ 取样后，得到一幅有着 M 行和 N 列的图像，我们称这幅图像的大小为 $M \times N$。坐标 (x, y) 的值是离散量，为了使符号表示清晰和方便，我们为这些离散坐标使用整数值。图像原点定义在 $(x, y) = (0,0)$ 处，沿图像第一行的下一坐标值为 $(x, y) = (0,1)$。注意符号 $(0,1)$ 用来表示沿着第一行的第二个取样，而不是表示图像在取样时的实际物理坐标值。图 3.1(a) 显示了这种坐标的约定。x 的范围是从 0 到 $M-1$ 的整数，y 的范围是从 0 到 $N-1$ 的整数。

在 MATLAB 工具箱中用于表示数组的坐标约定与前段所述的坐标约定有两点不同。首先工具箱使用 (r,c) 而不是 (x,y) 来表示行和列，但坐标顺序与前段所述的坐标顺序一致。在这种情况下，坐标元组 (a,b) 的第一个元素表示行，第二个元素表示列。另一区别是该坐标系统的原点在 $(r,c)=(1,1)$ 处。因此，r 是从 1 到 M 的整数，c 是从 1 到 N 的整数，如图 3.1(b) 所示。

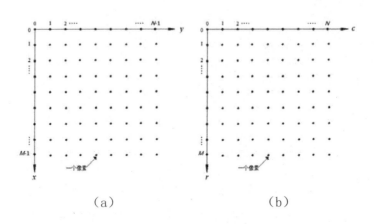

（a）　　　　　　　　　（b）

图 3.1　两种不同的坐标约定

其中，图（a）表示图像处理书籍中的坐标约定，

图（b）表示图像处理工具箱中的坐标约定。

3.1.2 图像的矩阵表示

由图 3.1(a)所示的坐标系统和前述讨论,我们可以得到如下数字化图像函数的表示:

$$f(x,y) = \begin{bmatrix} f(0,0) & f(0,1) & \cdots & f(0,N-1) \\ f(1,0) & f(1,1) & \cdots & f(1,N-1) \\ \vdots & \vdots & & \vdots \\ f(M-1,0) & f(M-1,1) & \cdots & f(M-1,N-1) \end{bmatrix} \quad (3.1\text{-}1)$$

等式右边是由定义给出的一幅数字图像。该数组的每一个元素都称为像元、图元或像素。图像和像素这两个术语将用来表示一幅数字图像及其元素。

一幅数字图像在 MATLAB 中可以很自然地表示成矩阵

$$f(x,y) = \begin{bmatrix} f(1,1) & f(1,2) & \cdots & f(1,N) \\ f(2,1) & f(2,2) & \cdots & f(2,N) \\ \vdots & \vdots & & \vdots \\ f(M,1) & f(M,2) & \cdots & f(M,N) \end{bmatrix} \quad (3.1\text{-}2)$$

其中 $f(1,1) = f(0,0)$,注意,等宽字体用来表示 MATLAB 的量。很明显,这两种表示是相同的,只是原点不同。符号 $f(p,q)$ 表示位于 p 行和 q 列的元素。例如, $f(6,2)$ 是指矩阵中位于第 6 行和第 2 列的元素。一般来说,我们分别用字母 M 和 N 来表示矩阵中的行和列。一个 $1 \times N$ 矩阵称为一个行向量，而一个 $M \times 1$ 矩阵称为一个列向量。一个 1×1 矩阵是一个标量。

在 MATLAB 中，矩阵以变量的形式来存储，名称如 A，a，RGB，real_array 等。变量必须以字母开头，且只能由字母、数字和下划线组成。

3.2   读取图像

使用函数 imread 可以将图像读入 MATLAB 环境，imread 语法为

　　　Imread('filename')

其中，filename 是一个含有图像文件命名的字符串（包括任何可用的扩展名）。例如，命令行：

　　　>> f =imread('chestxray.jpg');

将 JPEG 图像 chestxray 读入图像数组 f。注意，这里使用单引号（'）来界定 filename 字符串。命令行结尾处的分号在 MATLAB 中用于取消输出。若命令行中未包含分号，则 MATLAB 会立即显示该行中指的运算的结果。在 MATLAB 命令行窗口中出现的提示符（>>）指明了命令行的开始。

就像上面的这个命令行一样，当 filename 中不包含任何路

径信息时，imread 会从当前目录中寻找并读取图像文件。若当前目录中没有所需要的文件，则它会尝试在 MATLAB 搜索路径中寻找该文件。要想读取指定路径中的图像，最简单的办法就是在 filename 中输入完整的或相对的路径。例如，

>> f=imread('D:\myimages\chestxray.jpg');

从驱动器 D 上名为 myimages 的文件夹中读取图像文件 chestxray.jpg。MATLAB 桌面工具条上的当前目录窗口会显示 MATLAB 的当前工作路径，并提供一种非常简单的方法来手工改变当前的路径。函数 imread 和 imwrite 所支持的常用图像/图形格式包括 TIFF、JPEG、GIF、BMP、PNG、XWD。

函数 size 可给出一幅图像的行数和列数：

>>size(f)

Ans=1024　　1024

在使用如下格式来自动确定一幅图像的大小时，该函数很有用：

>>[M，N]=size(f);

该语法将返回图像的行数 M 和列数 N。

函数 whos 可以显示出一个数组的附加信息。语句实现如下：

>>whos f

3.3　显示图像

在 MATLAB 桌面上图像一般使用函数 imshow 来显示，该函数的基本语法为

imshow(f , G)

其中，f 是一个图像数组，G 是显示该图像的灰度级数。若将 G 省略，则默认的灰度级数是 256。语法

Imshow(f , [low　high])

会将所有小于或等于 low 的值都显示为黑色，所有大于或等于 high 的值都显示为白色。界于 low 和 high 之间的值将以默认的级数显示为中等亮度值。最后，语法

imshow(f , [　])

可以将变量 low 设置为数组 f 的最小值，将变量 high 设置为数组 f 的最大值。函数 imshow 的这一形式在显示一幅动态范围较小的图像或既有正值又有负值的图像时非常有用。

函数 pixval 经常用来交互地显示单个像素的亮度值。该函数可以显示覆盖在图像上的光标。当光标随着鼠标在图像上移动时，光标所在位置的坐标和该点的亮度值会在该图形窗口的下方显示出来。处理彩色图像时，红、绿、蓝分量的坐标也会显示出来。若

按下鼠标左键不放，则 pixval 将显示光标初始位置和当前位置间的欧几里得距离。

此处应注意的是，语法

Pixval

会在上次显示的图像上显示光标。单击光标窗口上的 X 按钮可将其关闭。

3.4　保存图像

使用函数 imwrite 可以将图像写到磁盘上，该函数的语法为

Imwrite(f , 'filename')

在该语法结构中，filename 中包含的字符串必须是一种可识别的文件格式扩展名。换言之，所要使用的文件格式要由第三个输入参量明确地指定。例如，下面的命令可将图像 f 写为 TIFF 格式且名为 patient10_run1 的文件：

>> imwrite (f , 'patient10_run1', 'tif')

或

>> imwrite (f , 'patient10_run1.tif')

若 filename 中不包含路径信息，则 imwrite 会将文件保存到当前的工作目录中。

函数 imwrite 可以有其他的参数,具体取决于所选的文件格式。

另一种常用但只适用于 JPEG 图像的函数是 imwrite,其语法为

Imwrite (f , 'filename.jpg', 'quality',q)

其中,q 是一个在 0 到 100 之间的整数(由于 JPEG 压缩,q 越小,图像的退化就越严重。)

3.5 数据类

虽然我们处理的是整数坐标,但 MATLAB 中的像素值本身并不是整数。

表 3.1 数据类及其描述

名称	描述
double	双精度浮点数
unit8	无符号 8 比特整数
unit16	无符号 16 比特整数
unit32	无符号 32 比特整数
int8	有符号 8 比特整数
int16	有符号 16 比特整数
int32	有符号 32 比特整数
single	单精度浮点数
char	字符
logical	值为 0 或 1

　　MATLAB 中所有的数值计算都可用 double 类来进行,所以它也是图像处理应用中最常使用的数据类。unit8 数据类也是一种频繁使用的数据类,尤其是在从存储设备中读取数据时,因为 8 比特图像是实际中最常用的图像。Logical 类和使用较少的 unit6 和 int16 需要 2 个字节,unit32、int32 和 single 则需要 4 个字节。Char 数据类用来表示 unicode 字符。一个字符串就是一个 $1 \times n$ 字符矩阵。Logical 类矩阵中每个元素的取值只能是 0 和 1,并且每个元素都用 1 字节存储在存储器中。逻辑矩阵的创建可通过函数 logical 或相关的运算符来实现。

3.6　MATLAB 中的图像类型

3.6.1　基本类型

　　在 MATLAB 中,图像是用矩阵的形式存储和描述的,该矩阵有可能是一个,也有可能是多个。图像处理工具箱支持的图像分为四个基本类型:索引图像、灰度图像、二值图像和 RGB 图像,下面对这几种图像做一下简单介绍。

（1）索引图像

　　索引图像包括一个数据矩阵（I）和一个颜色映像表矩阵

（map），像素颜色由 I 作为索引值指向 map 进行索引，这就是索引图像名称的由来。map 是一个 $m×3$ 的矩阵，每个元素的值都是 0～1 之间的双精度浮点型数据，每行分别指定红绿蓝的颜色值。索引图像如图 3.2 所示。

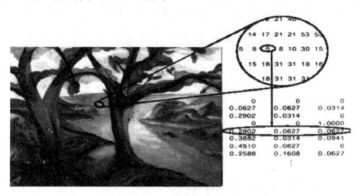

图 3.2　索引图像

（2）灰度图像

灰度图像是一个数据矩阵 I，每个元素代表一个像素，I 的数据表示在一定的范围内的灰度值。I 可以是双精度浮点型，其值域为 $[0.0, 1.0]$；也可以是 unit8 类型，其取值范围为 $[0, 256]$。对于一幅灰度图像来说，灰度范围越大则显示出的色彩就越丰富。灰度图像如图 3.3 所示。

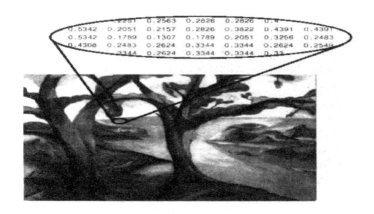

图 3.3　灰度图像

（3）二值图像

二值图像只包含一个由 0,1 构成的矩阵，可以保存为双精度或 unit8 类型的数组。在图像处理过程中有时数据量非常大，为了节省空间可以把图像的数据存储格式转换成 unit8 格式。二值图像可以看成一个仅由黑白两种色彩组成的特殊灰度图或索引图，因此其显示方式与灰度或索引图类似。二值图像如下图 3.4 所示。

33

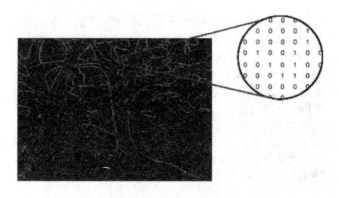

图 3.4　二值图像

（4）RGB 图像

RGB 图像又称真彩色图像，在 MATLAB 中存储为一个 $n*m*3$ 的三维数据数组。n, m 分别为图像的行列数，数组可以是双精度浮点型或 unit8 型，数组元素定义了每一个像素的红、绿、蓝颜色值，这三个值共同构成了该像素的颜色。RGB 图像如图 3.5 所示。

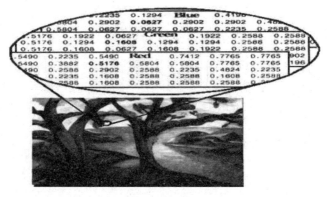

图 3.5　RGB 图像

表 3.2 为上述四种图像类型在 MATLAB 中的数据存储格式说明。

表 3.2　四种图像的存储格式

图像类型	双精度类：double（每个元素占 8 个字节）	整数类：unit8（每个元素占 1 个字节）	整数类：unit16（每个元素占 2 个字节）
索引图像	图像数组大小：$m×n$ 图像元素取值：$[1, p]$ 色度矩阵：$p×3$ 色度元素值：$[0, 1]$	图像数组大小：$m×n$ 图像元素取值：$[0, p-1]$ 色度矩阵：$p×3$ 色度元素值：$[0, 255]$	图像数组大小：$m×n$ 图像元素取值：$[0, p-1]$ 色度矩阵：$p×3$ 色度元素值：$[0, 65535]$
灰度图像	图像数组大小：$m×n$ 图像元素值：$[0, 1]$ 色度矩阵：$p×3$ 色度元素值：$[0, 1]$	图像数组大小：$m×n$ 图像元素值：$[0, 255]$ 色度矩阵：$p×3$ 色度元素值：$[0, 1]$	图像数组大小：$m×n$ 图像元素值：$[0, 65535]$ 色度矩阵：$p×3$ 色度元素值：$[0, 1]$
二值图像	图像数组大小：$m×n$ 图像元素值：0 或 1	图像数组大小：$m×n$ 图像元素值：0 或 1	
真彩图像	数组大小：$m×n×3$ $(:, :, 1)$——红色分量 $(:, :, 2)$——绿色分量 $(:, :, 3)$——蓝色分量 元素取值：$[0, 1]$ （无调色板）	数组大小：$m×n×3$ $(:, :, 1)$——红色分量 $(:, :, 2)$——绿色分量 $(:, :, 3)$——蓝色分量 元素取值：$[0, 255]$ （无调色板）	数组大小：$m×n×3$ $(:, :, 1)$——红色分量 $(:, :, 2)$——绿色分量 $(:, :, 3)$——蓝色分量 元素取值：$[0, 65535]$ （无调色板）

3.6.2　图像类型间的转换

（1）图像类型转换

在对数字图像进行处理的过程中，有时为了方便某些处理常常需要将上述四种图像类型进行各种转换，MATLAB 图像处理工具箱提供了这四种类型图像之间的转换函数，先用表 3.3 和图 3.6 给大家做一下简单介绍。

表3.3 四种图像类型转换关系表

	转换类型	转换函数	用 处
①	真彩图像→索引图像	X=dither(RGB,map)	节省存储空间,假彩色
②	索引图像→真彩图像	RGB=ind2rgb(X,map)	便于图像处理
③	真彩图像→灰度图像	I=rgb2gray(RGB)	得到亮度分布
④	真彩图像→二值图像	BW=im2bw(RGB,level)	阈值处理,筛选
⑤	索引图像→灰度图像	I=ind2gray(X,map) Newmap=rgb2gray(map)	得到亮度分布
⑥	灰度图像→索引图像	[X,map]=gray2ind(I,n), X=grayslice(I,n) X=grayslice(I,v)	伪彩色处理
⑦	灰度图像→二值图像	BW=dither(I) BW=im2bw(I,level)	阈值处理,筛选
⑧	索引图像→二值图像	BW=im2bw(X,map,level)	阈值处理,筛选
⑨	数据矩阵→灰度图像	I=mat2gray(A,[max,min]) I=mat2gray(A)	产生图像

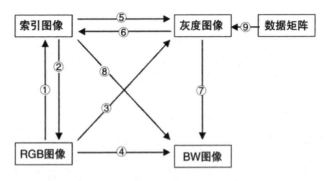

图3.6 四种图像类型转换关系

（2）彩色模型的转换

我们在做图像处理的时候总是直接或者是间接地使用 RGB 数据来表示颜色，其实除了 RGB 颜色模型之外，还有许多其他颜色模型，如 NTSC 模型、HSV 模型和 YCBCR 模型等。这些模型和我们常用的 RGB 模型一起构成了颜色空间。虽然绝大多数人对除 RGB 模型以外的颜色空间表示知之甚少，但是有些颜色空间模型其实离我们的生活并不遥远，例如，我们家里用的彩色电视信号的传输，其数据所采用的颜色空间模型就是 NTSC 颜色空间模型，又称 YIQ 模型。在 YIQ 模型中，Y 代表图像亮度信息、I 代表颜色从橙色到青色的变化、Q 代表颜色从紫色到黄绿色的变化。

在 MATLAB 图像处理工具箱中也提供了这几种彩色空间之间的相互转换函数。其转换函数如下：

● RGB 颜色空间转换到 NTSC 颜色空间

格式：YIQMAP=rgb2ntsc（RGBMAP）

YIQ=rgb2ntsc（RGB）

● NTSC 颜色空间转换到 RGB 颜色

格式：RGBMAP=ntsc2rgb（YIQMAP）

RGB=ntsc2rgb（YIQ）

● RGB 颜色空间转换到 HSV 颜色空间

格式：camp=rgb2hsv（M）

   Hsv_image=rgb2hsv(rgb_image)

● HSV 颜色空间转换到 RGB 颜色空间

格式：M=hsv2rgb(H)

   Rgb_image=hsv2rgb(hsv_image)

● RGB 颜色空间转换到 YVBCR 颜色空间

格式：ycbcrmap=rgb2ycbcr(rgbmap)

   YCBCR=rgb2ycbcr(RGB)

● YCBCR 颜色空间转换到 RGB 颜色空间

格式：rgbmap=ycbcr2rgb（ycbcrmap）

   RGB=ycbcr2rgb(YCBCR)

3.7　基于 MATLAB 的图像处理系统的设计与实现

　　MATLAB 又称矩阵实验室，其强大的矩阵运算能力是其他语言无法比拟的，而矩阵运算正是图像处理的根本所在。因此，可以尝试以 MATLAB 为平台对图像处理系统进行开发与设计。具体实现过程如下：

3.7.1　系统设计步骤

本系统依据软件开发设计原则，确定了设计的一般步骤，具体如下：

①分析界面所要求实现的主要功能，明确设计任务。

②在稿纸上绘出界面草图，并对其进行审查。

③按照构思的草图，上机制作静态界面，并进行检查。

④编写界面动态功能的程序，对其功能进行逐项检查。

3.7.2　具体实现过程

（1）系统界面设计

依据系统设计步骤，首先利用 MATLAB 图形用户界面（GUI）设计了该系统的静态界面，如图 3.7 所示。

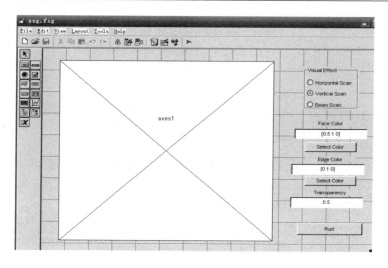

图 3.7　静态系统图形界面

图像转换操作界面如图 3.8 所示。

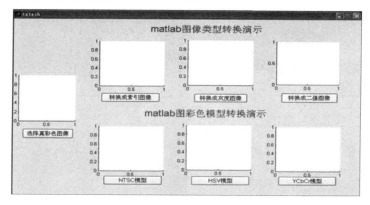

图 3.8　图像转换操作界面

（2）编写动态回调程序

当静态界面设计完成之后，GUI 将自动生成.FIG 和.M 文件，其中.FIG 文件保存了关于静态窗口界面的所有对象的属性值，.M 文件包括 GUI 设计、控制函数及为子函数的用户控件回调函数，主要用于控制 GUI 展开时的各种特征。这个 M 文件可以分为 GUI 初始化和回调函数两个部分，用户控件的回调函数根据用户与 GUI 的具体交互方式分别调用。回调函数就是在调用对象时，该对象所要回应的动作。因此，如何编写对象的回调函数是该系统的一大难点。在为对象编写回调函数时，获得该函数的句柄是实现对象动作功能的关键所在。句柄实际上就是分配给每个对象的数字标识，每次创建对象时，MATLAB 就会自动为它创建一个唯一的句柄，这样只要我们能找到该句柄，就能对该对象进行操作。在 MATLAB 中，图形对象是一幅图中很独特的成分，它可以被单独地操作。由图形命令产生的每一件东西都是图形对象，它们包括图形窗口或仅仅说是图形，还有坐标轴、线条、曲面、文本和其他。这些对象按照父对象和子对象组成层次结构。计算机屏幕是根对象，并且是所有其他对象的父亲。图形窗口是根对象的子对象，坐标轴和用户界面对象是图形窗口的子对象，线条、文本、曲面、图片和图像对象是坐标轴对象的子对象。这种层次关系在下图 3.9 中给出。

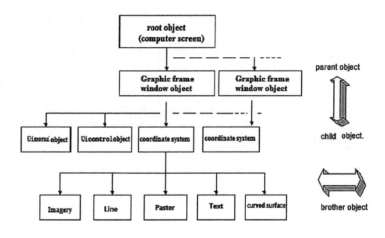

图3.9 matlab 图形窗口层次结构

在 MATLAB 中常用获得句柄的函数有以下几种：

①gcf，获取当前图形窗口的句柄。

②gca，获取当前坐标轴的句柄。

③gco，获取当前对象的句柄。

④gcbo，获取当前正在调用的对象的句柄。

⑤gcbf，获取包括正在执行调用的对象的图形的句柄。

我们就可以使用这几个函数获得要操作对象的句柄。例如，利用 get 函数配合使用上面的几个函数就可以获得所要操作对象的数字标识。一旦获得所要操作对象的句柄，接下来的工作就是系统功能的设计和实现。

（3）系统功能的确定

　　理论上讲，图像是一种二维的连续函数，然而在计算机上对图像进行数字处理的时候，首先必须对其在空间和亮度上进行数字化，这就是图像的采样和量化的过程。二维图像进行均匀采样，就可以得到一幅离散化成 $M \times N$ 样本的数字图像，该数字图像是一个整数阵列，因而用矩阵来描述该数字图像是最直观、最简便的了。而 MATLAB 的长处就是处理矩阵运算，因此用 MATLAB 处理数字图像非常方便。

　　该系统支持五种图像类型，即索引图像、灰度图像、二值图像、RGB 图像和多帧图像阵列，支持读、写和显示 BMP、GIF、JPEG、TIFF 等图像文件格式，并具有很多图像处理功能。例如，图像类型转换功能实现了色彩图像、索引图像和二值图像之间的相互转换，编辑功能实现了对图像的几何操作，图像模块提供了对图像的灰度处理、膨胀、腐蚀、边界图提取等功能，正交变换模块实现了对图像的压缩和重构功能。以上这些功能的实现都是在 MATLAB 语言的基础上，编写 M 文件程序代码实现的。以图像模块的灰度菜单功能为例，就是通过设计分段线性变换算法，然后利用 MATLAB 所提供的 mat2gray() 灰度增强函数，对图像选择的区域进行灰度转换。其主要代码如下：

x1= getimage(gco);

```
figure

imshow(x1)

f0=0;g0=0;

f1=20;g1=10

f2=180;g2=230;

f3=255;g3=255;

figure,plot([f0,f1,f2,f3],[g0,g1,g2,g3])

r1=(g1-g0)/(f1-f0);

b1=g0-r1*f0;

r2=(g2-g1)/(f2-f1);

b2=g1-r2*f1;

r3=(g3-g2)/(f3-f2);

b3=g2-r3*f2;

[m,n]=size(x1);

x2=double(x1);

for i=1:m

    for j=1:n

    f=x2(i,j);

    g(i,j)=0;
```

```
if(f>=f1)&(f<=f2)

        g(i,j)=r1*f+b2;

elseif(f>=f2)&(f<=f3)

        g(i,j)=r3*f+b3;

        end

    end

end

figure

imshow(mat2gray(g))
```

图3.10显示了图片在灰度处理前后的效果。

图3.10　图片灰度处理对比图

图3.11给出了几种图像类型的转换对比图。

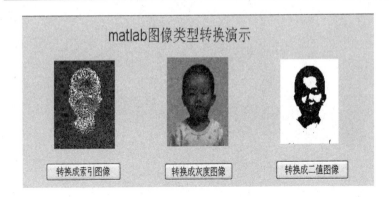

图3.11　几种图像类型的转换对比图

运行该程序后，得到分段线性变换后的图像。可以看出，通过这样一个变换，原图中灰度值在（0～20）和（180～255）之间的动态范围减少了，而原图中灰度值在180～255之间的动态范围增加了，从而这个范围内的对比度增加了，具体变化为图像中树干以上的区域两度明显增强。

本系统实现了图像处理技术中比较经典实用的若干功能，之所以选取这些功能，是因为这些技术对于我们的现实生活具有很强的应用价值。例如，图像增强技术和正交变换在医学影像领域就有着很高的应用价值。医学上常用的CT扫描就是基于不同物质的X射线衰减系数，如果能确定人体的衰减系数分布，就能重建其断层或三维图像。

附记：本章内容主要引自文献[4]和文献[5]。

参考文献

[1] 贺兴华，周媛媛，王继阳，周晖等.Matlab7.x 图像处理[M].
北京：人民邮电出版社，2006.

[2] Rafael C.Gonzalez 等.数字图像处理[M].第 3 版.阮秋琦等译.
北京：电子工业出版社，2011.

[3] 张智高.数字图像处理演示系统的设计与实现[D].吉林大学，
2012.

[4] 张红梅.基于 MATLAB 的图像处理系统的设计与实现[J].内蒙古
民族大学学报：自然科学版，2009，3.

[5] Zhang Hongmei，Zhang Zhigao，Pei Zhili. Design and
Implementation of Image Processing System Based on
MATLAB[J].LEMCS2015，2015，8.

第4章 灰度变换

4.1 灰度变换基础

本节我们所讨论的所有图像处理技术都是在空间域进行的，空间域就是简单的包含图像像素的平面。与频率域相反，空间域技术直接在图像像素上操作，例如，对于频率域来说，其操作在图像的傅里叶变换上执行，而不针对图像本身。某些图像处理任务在空间域中执行更容易或更有意义，而另一些任务则更适合使用其他方法。通常，空间域技术在计算上更有效，且在执行上需要较少的处理资源。

空间域处理可由下式表示：

$$g(x,y) = T[f(x,y)] \tag{4.1-1}$$

其中 $f(x,y)$ 是输入图像，$g(x,y)$ 是处理后的图像，T 是在点 (x,y) 的邻域上定义的关于 f 的一种算子。算子可应用于单幅图像或图像集合，例如，为降低噪声而对图像序列执行逐像素的求和操作。图 4.1 显示了式（4.1-1）在单幅图像上的基本实现。所示的点 (x,y) 是图像中的一个任意位置，包含该点的小区域是点 (x,y) 的邻域。典型地，邻域是中心在 (x,y) 的矩形，其尺寸比图像小得多。

图 4.1 中给出的处理由以下几步组成：邻域原点从一个像素向另一个像素移动，对邻域中的像素应用算子 T，并在该位置产生输出。这样，对于任意指定的位置 (x,y)，输出图像 g 在这些坐标处的值就等于对 f 中以 (x,y) 为原点的邻域应用算子 T 的结果。例如，假设该邻域是大小为 3×3 的正方形，算子 T 定义为"计算该邻域的平均灰度"。考虑图像中的任意位置，譬如 $(100,150)$。假设该邻域的原点位于其中心处，则在该位置的结果 g $(100,150)$ 是计算 $f(100,150)$ 和它的 8 个邻点的和，再除以 9（即由邻域包围的像素灰度的平均值）。然后，邻域的原点移动到下一个位置，并重复前

面的过程,产生下一个输出图像 g 的值。典型地,该处理从输入图像的左上角开始,以水平扫描的方式逐像素地处理,每次一行。当该邻域的原点位于图像的边界上时,部分邻域将位于图像的外部。此时,不是在用 T 做指定的计算时忽略外侧邻点,就是用 0 或其他指定的灰度值填充图像的边缘。被填充边界的厚度取决于邻域的大小。

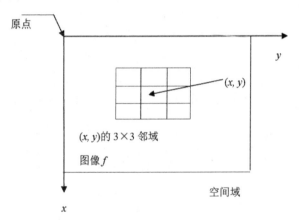

图 4.1　空间域一幅图像中关于点 (x, y) 的一个 3×3 邻域

最小邻域的大小为 1×1。在这种情况下,g 仅取决于点 (x, y) 处的 f 值,而式(4.1-1)中的 T 则成为一个形如下式的灰度(也称为灰度或映射)变换函数:

$$s = T(r) \tag{4.1-2}$$

其中,为表达方便,令 r 和 s 分别表示变量,即 g 和 f 在任意点

(x, y) 处的灰度。例如，如果 $T(r)$ 有如图 4.2（a）所示的形式，对 f 中每一个像素施以变换产生相应的 g 的像素的效果将比原始图像有更高的对比度，即低于 k 的灰度级更暗，而高于 k 的灰度级更亮。这种技术有时称为对比度拉伸，在该技术中，低于 k 的 r 值被变换函数压缩在一个较窄的范围 s 内，接近黑色；而高于 k 的 r 值则与此相反。很明显，灰度值 r_0 经映射得到了相应的值 s_0。在如图 4.2（b）所示的极限情况下，$T(r)$ 产生了一幅两级（二值）图像。这种形式的映射称为阈值处理函数。有些相当简单但功能强大的处理方法，可以使用灰度变换函数用公式加以表达。

虽然灰度变换和空间滤波覆盖了相当宽的应用范围，多数例子是图像增强应用。增强处理是对图像进行加工，使其结果对于特定的应用比原始图像更合适的一种处理。"特定"一词在这里很重要，它一开始就确定增强技术是面向问题的。例如，对于增强 X 射线图像非常有用的方法，可能并不是增强由电磁波谱中远红外波段拍摄的图像的最好方法。图像增强没有通用的"理论"。当为视觉解释而处理一幅图像时，观察者将是判定一种特定方法好与坏的最终裁判员。在处理机器感知时，一种给定的技术很易于量化。例如，在自动字符识别系统中，最合适的增强方法就是可得到最好识别率的方法，这里不考虑一种方法较另一种方法的计算量的要求。

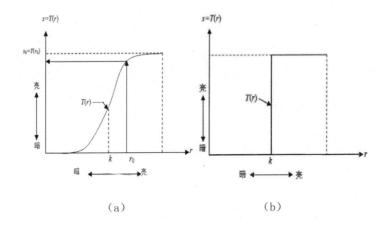

（a）　　　　　　　　　（b）

图 4.2　两种灰度变换函数

其中，图（a）是灰度变换函数中的一种对比度拉伸函数，

图（b）是灰度变换函数中的一种阈值处理函数。

然而，不管应用或使用过的方法，图像增强是视觉上最具吸引力的图像处理领域之一。理所当然地，图像处理的初学者通常会寻找重要的且理解起来相对简单的增强应用。

4.2　基本的灰度变换函数

灰度变换是所有图像处理技术中最简单的技术。r 和 s 分别代表处理前后的像素值。这些值与 $s = T(r)$ 表达式的形式有关，其中 T 是把像素值 r 映射到像素值 s 的一种变换。由于我们处理的是数字量,所以变换函数的值通常存储在一个一维阵列中,且从 r 到 s 映射是通过查找表实现的。对于 8 比特环境,包含 T 的值的一个查找表将有 256 条记录。

作为关于灰度变换的介绍,考虑图 4.3,该图显示了图像增强常用的三类基本函数:线性函数(反转和恒等变换)、对数函数(对数和反对数变换)和幂律函数(n 次幂和 n 次根变换)。恒等函数是最一般的情况,其输出灰度等于输入灰度的变换,在图 4.3 中包括它仅仅出于完整性考虑。

4.2.1 图像反转

使用图 4.3 中所示的反转变换,可得到灰度级范围为 $[0, L-1]$ 的一幅图像的反转图像,该反转图像由下式给出:

$$s = L - 1 - r \qquad (4.2-1)$$

使用这种方式反转一幅图像的灰度级,可得到等效的照片底片。这种类型的处理特别适用于增强嵌入在一幅图像的暗区域中的白色或灰色细节,特别是当黑色面积在尺寸上占主导地位时。

4.2.2 对数变换

图 4.3 中的对数变换的通用形式为

$$s = c \log(1 + r) \qquad (4.2-2)$$

其中 c 是一个常数，并假设 $r \geq 0$。图 4.3 中对数曲线的形状表明，该变换将输入中范围较窄的低灰度值映射为输出中较宽范围的灰度值，相反地，对高的输入灰度值也是如此。我们使用这种类型来扩展图像中的暗像素的值，同时压缩更高灰度级的值。反对数变换的作用与此相反。

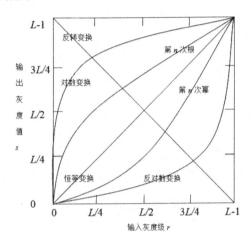

图 4.3　一些基本的灰度变换函数

具有图 4.3 所示的对数函数的一般形状的任何曲线，都能完成图像灰度级的扩展/压缩，对数函数有个重要特征，即它压缩像素值变化较大的图像的动态范围。像素值有较大动态范围的一个典型应用说明是傅里叶频谱。通常，频谱值的范围从 0 到了 10^6，其至更高。尽管计算机能毫无问题地处理这一范围的数字，但图像的显示系统通常不能如实地再现如此范围的灰度值。因此，最终结果是许多重要的灰度细节在典型的傅里叶频谱的显示中丢失了。

作为对数变换的说明，图案 4.4（a）显示了值域为（0~1.5）×10^6 的傅里叶频谱。当这些值在一个 8 比特系统中被线性地缩放显示时，最亮的像素将支配该显示，频谱中的低值（恰恰是最重要的）将损失掉。图 4.4（a）中相对较小的图像区域，鲜明地体现了这种支配性的效果，而作为黑色则观察不到。替代这种显示数值的方法，如果我们先对这些频谱值应用式（4.2-2）（此时 $c=1$），那么得到的值的范围就变为 0~6.2。图 4.4（b）显示了线性地缩放这个新值域并在同一个 8 比特显示系统中显示频谱的结果。由这些图片可以看出，与未改进显示的频谱相比，这幅图像中可见细节的丰富程度是很显然的。

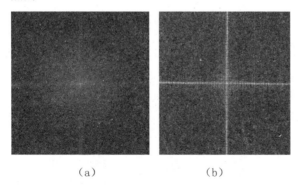

（a）　　　　　　　（b）

图 4.4　应用对数变换的傅里叶频谱对比图

其中，图（a）是原始的傅里叶频谱，

图（b）是应用式（4.2-2）中的对数变换（$c=1$）的结果。

4.2.3 幂律（伽马）变换

幂律变换的基本形式为

$$s = cr^{\gamma} \tag{4.2-3}$$

其中 c 和 γ 为正常数。有时考虑到偏移量（即输入为 0 时的一个可度量输出），式（4.2-3）也写为 $s = c(r + \varepsilon)^{\gamma}$。然而，偏移量一般是显示标定问题，因而作为一个结果，通常在式（4.2-3）中忽略不计。对于不同的 γ 值，s 和 r 的关系曲线如图 4.5 所示。与对数变换的情况类似，部分 γ 值的幂律曲线将较窄范围的暗色输入值映射为较宽范围的输出值，相反地，将简单地得到一族可能的变换曲线。正如所预期的那样，在图 4.5 中，我们看到，$\gamma > 1$ 的值所生成的曲线和 $\gamma < 1$ 的值所生成的曲线的效果完全相反。最后，我们注意到式（4.2-3）在 $c = \gamma = 1$ 时简化成了恒等变换。

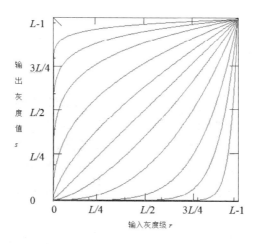

输
出
灰
度
值
s

$L-1$

$3L/4$

$L/2$

$L/4$

0

0　　$L/4$　　$L/2$　　$3L/4$　　$L-1$

输入灰度级 r

图 4.5　不同 γ 值的 $s = cr^{\gamma}$ 曲线

　　用于图像获取、打印和显示的各种设备根据幂律来产生响应。习惯上，幂律方程中的指数称为伽马。用于校正这些幂律响应现象的处理称为伽马校正。例如，阴极射线管（CRT）设备有一个灰度-电压响应，该响应是一个指数变化范围为 1.8～2.5 的幂函数。在图 4.5 中，用 $\gamma = 2.5$ 时的参考曲线，我们看到，这种显示系统产生的图像往往要比期望的图像暗。这个结果在图 4.6 加以说明。图 4.6（a）显示了一幅输入到监视器的简单灰度渐变图像。如期望的那样，监视器表现了输出比输入暗，如图 4.6（b）所示。在这种情况下，伽马校正很简单，我们需要做的只是将图像输入到监视器前进行预处理，即进行 $s = r^{1/2.5} = r^{0.4}$ 变换，结果如图 4.6（c）所示。

当输入到相同的监视器时，这一伽马校正过的输入产生外观上接近于原图像的输出，如图 4.6（d）所示。类似的分析也适用于其他图像设备，如扫描仪和打印机，唯一的不同是随设备而定的伽马值。

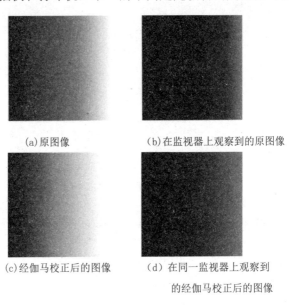

(a)原图像   (b)在监视器上观察到的原图像

(c)经伽马校正后的图像   (d) 在同一监视器上观察到
                              的经伽马校正后的图像

图 4.6　显示系统的图像产生过程

其中，图（a）是亮度斜坡图像，

图（b）是具有伽马值为 2.5 的模拟监视器上观察到的图像，

图（c）是经伽马校正后的图像，

图（d）是在同一监视器上观察到的经伽马校正后的图像。

如果所关注的是在计算机屏幕上精确显示图像，则伽马校正是很重要的。不恰当校正的图像看起来不是太亮，就是太暗。试图精确再现彩色也需要伽马校正的一些知识，因为改变伽马值不仅会改变亮度，而且会改变彩色图像中红、绿、蓝的比率。随着数字图像在互联网上商业应用的增多，在过去的几年里，伽马校正逐渐变得越来越重要。为流行网站创建被几百万人浏览的图像是很平常的事，因为大多数浏览者会有不同的监视器和/或监视器设置，有些计算机系统甚至会内置部分伽马校正。此外，目前的图像标准并不包含创建图像的伽马值，因此，问题进一步复杂化了。由于这些限制，当在网站中存储图像时，一种合理的方法是用伽马值对图像进行预处理，此伽马值代表了在开放的市场中、在任意给定时间点，各种型号的监视器和计算机系统所期望的"平均值"。

4.2.4 分段线性变换函数

分段线性函数的主要优点是分段线性函数的形式可以是任意复杂的。一些重要变换的实际实现可仅由分段函数来明确表达。分段函数的主要缺点是它的技术说明要求用户输入。

（1）对比度拉伸

最简单的分段线性函数之一是对比度拉伸变换。低对比度图像可由照明不足、成像传感器动态范围太小，甚至在图像获取过程中镜头光圈设置错误引起。对比度拉伸是扩展图像灰度级动态范围的处理，因此，它可以跨越记录介质和显示装置的全部灰度范围。

（2）灰度级分层

突出图像中特定灰度范围的亮度通常是重要的，其应用包括增强特征，如卫星图像中大量的水和 X 射线图像中的缺陷。通常称之为灰度级分层的处理可以有许多方法实现，但是它们中的大多数是两种基本方法的变形。一种方法是将感兴趣范围内的所有灰度值显示为一个值，而将其他灰度值显示为另一个值。如图 4.7（a）所示，该变换产生了一幅二值图像。第二种方法以图图 4.7（b）所示的变换为基础，使感兴趣范围的灰度变亮（或变暗），而保持图像中的其他灰度级不变。

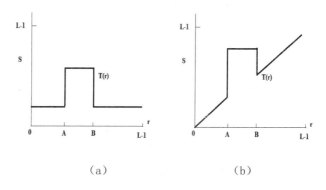

（a）　　　　　　　　　（b）

图 4.7　灰度级分层处理的两种基本方法

其中，图（a）突出了范围[*A*, *B*]内的灰度，将其他灰度降低到了一个更低的级别；

图（b）突出了范围[*A*, *B*]内的灰度，同时保持其他灰度级不变。

（3）比特平面分层

像素是由比特组成的数字。例如，在 256 级灰度图像中，每个像素的灰度是由 8 比特组成的。代替突出灰度级范围，我们可突出特定比特来为整个图像外观作出贡献。一幅 8 比特图像可考虑为由 8 个 1 比特平面组成，其中平面 1 包含图像中所有像素的最低阶比特，而平面 8 包含图像中所有像素的最高阶比特。

4.3　直方图处理

灰度级范围为 $[0, L-1]$ 的数字图像的直方图是离散函数 $h(r_k) = n_k$，其中 r_k 是第 k 级灰度值，n_k 是图像中灰度为 r_k 的像素个数。在实践中，经常用乘积 MN 表示的图像像素的总数除它的每个分量来归一化直方图，通常 M 和 N 是图像的行和列的维数。因此，归一化后的直方图由 $p(r_k) = n_k / MN$ 给出，其中 $k = 0, 1, \cdots, L-1$。简单地说，$p(r_k)$ 是灰度级 r_k 在图像中出现的概率的一个估计。归一化直方图的所有分量之和应等于 1。

直方图是多种空间域处理技术的基础。直方图操作可用于图像增强。直方图中的固有信息在其他图像处理应用中也非常有用，如图像压缩与分割。直方图在软件中计算简单，而且有助于商用硬件实现，因此已成为实时图像处理的一种流行工具。

4.3.1 直方图均衡

考虑连续灰度值，并用变量 r 表示待处理图像的灰度。通常，我们假设 r 的取值区间为 $[0, L-1]$，且 $r = 0$ 表示黑色，$r = L-1$ 表示白色。在 r 满足这些条件的情况下，我们将注意力集中在变换形式

$$s = T(r), 0 \leq r \leq L-1 \qquad (4.3\text{-}1)$$

上（灰度映射），对于输入图像中每个具有 r 值的像素值产生一个输出灰度值 s。我们假设

（a） $T(r)$ 在区间 $0 \leq r \leq L-1$ 上为单调递增函数；

（b） 当 $0 \leq r \leq L-1$ 时，$0 \leq T(r) \leq L-1$。

在稍后讨论的一些公式中，我们用反函数

$$r = T^{-1}(s), 0 \leq r \leq L-1 \qquad (4.3\text{-}2)$$

在这种情况下，条件（a）改为

（a′） $T(r)$ 在区间 $0 \leq r \leq L-1$ 上是一个严格单调递增函数。

条件（a）中要求 $T(r)$ 为单调递增函数是为了保证输出灰度值

不少于相应的输入值，防止灰度反变换时产生人为缺陷。条件（b）保证输出灰度的范围与输入灰度的范围相同。最后，条件（a'）保证从 s 到 r 的反映射是一对一的，防止出现二义性。图 4.8（a）显示了满足条件（a）和（b）的一个变换函数。在这里我们看到，多值映射到单值是可能的，并且仍然满足这两个条件。也就是说，单调变换函数执行一对一或多对一映射。当 r 从 s 到映射时，这是很完美的。然而，如果我们想要唯一地从映射的值 s 恢复 r 值（反映射由反箭头表示），图 4.8（a）就存在一个问题。图 4.8（a）中的反映射是可能的，但是，s_q 的反映射是一个范围的值，通常，要防止由 s_q 恢复原始的 r 值的问题。

如图 4.8（b）所示，$T(r)$ 要求是严格单调的，以保证反映射是单值的（即两个方向上的映射都是一对一的）。这是推导一些重要直方图处理技术的理论要求。因为在实践中我们处理的是整数灰度值，必须把所有结果四舍五入为最接近的整数值。因此，当严格单调不满足时，我们就要使用寻找最接近整数匹配的方法来解决非唯一反变换的问题。

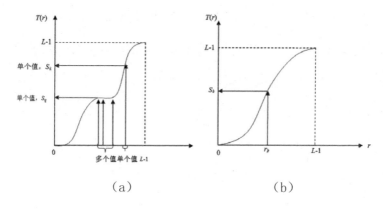

（a）　　　　　　　　　　（b）

图 4.8　非单调递增函数与严格单调函数中的反映射情况

其中，图（a）为非单调递增函数，

图（b）为严格单调函数。

一幅图像的灰度级可看成是区间 $[0,\ L-1]$ 内的随机变量。随机变量的基本描绘是其概率密度函数（PDF）。令 $P_r(r)$ 和 $P_s(s)$ 分别表示随机变量 r 和 s 的概率密度函数，其中 P 的下标用于指示 P_r 和 P_s 是不同的函数。由基本概率论得到一个基本结果是，如果 $P_r(r)$ 和 $T(r)$ 已知，在感兴趣的值域上 $T(r)$ 是连续且可微的，且变换（映射）后的变量 s 的 PDF 可由下面的简单公式得到：

$$P_s(s) = P_r(r)\left|\frac{\mathrm{d}r}{\mathrm{d}s}\right| \qquad (4.3\text{-}3)$$

这样，我们看到，输出灰度变量 s 的 PDF 就由输入灰度的 PDF 和所用的变换函数决定。

在图像处理中特别重要的变换函数有如下形式：

$$s = T(r) = (L-1)\int_0^r P_r(w)\mathrm{d}w \qquad (4.3\text{-}4)$$

其中，w 是积分的假变量。公式右边是随机变量 r 的累积分布函数（CDF）。因为 PDF 总为正，一个函数的积分是该函数下方的面积，遵遁（4.3-4）的变换函数满足条件（a），因为函数下的面积不随 r 的增大而减小。当在该等式中上限是 $r=(L-1)$ 时，则积分值等于 1（PDF 曲线下方的面积总是 1），所以 s 的最大值是 $(L-1)$，并且条件（b）也是满足的。

为寻找刚才讨论的相应变换的 $P_s(s)$，我们使用式（4.3-3）。我们由基本积分学中的莱布尼茨准则知道，关于上限的定积分的导数是被积函数在该上限的值，即

$$\frac{\mathrm{d}r}{\mathrm{d}s} = \frac{\mathrm{d}T(r)}{\mathrm{d}r} = (L-1)\frac{\mathrm{d}}{\mathrm{d}r}\left[\int_0^r P_r(w)\mathrm{d}w\right] = (L-1)P_r(r) \qquad (4.3\text{-}5)$$

把 $\mathrm{d}r/\mathrm{d}s$ 的这个结果代入式（4.3-3），并记住概率密度值为正，得到

$$P_s(s) = P_r(r)\left|\frac{\mathrm{d}r}{\mathrm{d}s}\right| = P_r(r)\left|\frac{1}{(L-1)P_r(r)}\right| = \frac{1}{L-1}, 0 \le s \le L-1 \qquad (4.3\text{-}6)$$

从该公式的最后一行中的 $P_s(s)$ 可知，这是一个均匀概率密度

函数。简而言之，我们已经证明执行式（4.3-4）的灰度变换将得

到一个随机变量，该随机变量由一个均匀 PDF 表征。特别要注意，

由该式可知 $P_s(s)$ 取决于 $P_r(r)$，但正如式（4.3-6）所指出的那样，

得到的 $P_s(s)$ 始终是均匀的，它与 $P_r(r)$ 的形式无关。图 4.9 说明了

这些概念。

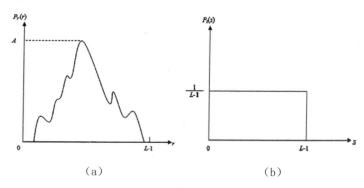

（a）   （b）

图 4.9　变换前后的 PDF 对比图

　　其中，图（a）是一个任意的 PDF，

　　　　　图（b）是对所有灰度级 r 应用式（4.3-4）变换后的结果。

　　为牢记这一概念，考虑下面这个简单的例子。假设图像中的（连

续）灰度值有如下 PDF：

$$P_r(r) = \begin{cases} \dfrac{2r}{(L-1)^2}, & 0 \le r \le L-1 \\ 0, & 其他 \end{cases}$$

从式（4.3-4）有

$$s = T(r) = (L-1)\int_0^r P_r(w)\mathrm{d}w = \frac{2}{L-1}\int_0^r w\,\mathrm{d}w = \frac{r^2}{L-1}$$

假设我们接着使用这个变换得到一幅灰度为 s 的新图像；也就是说，s 值是通过求输入图像的相应灰度值的平方，然后除以 $(L-1)$ 形成的。例如，考虑一幅 $L=10$ 的图像，并且假设输入图像中任意位置 (x,y) 处的像素有灰度 $r=3$，则新图像中在该位置的像素是 $s = T(r) = r^2/9 = 1$。我们可以把 $P_r(r)$ 代入式（4.3-6），并用 $s = r^2/(L-1)$ 这样的事实验证新图像中的灰度的 PDF 是均匀的，即

$$P_s(s) = P_r(r)\left|\frac{\mathrm{d}r}{\mathrm{d}s}\right| = \frac{2r}{(L-1)^2}\left[\frac{\mathrm{d}s}{\mathrm{d}r}\right]^{-1} = \frac{2r}{(L-1)^2}\left[\frac{\mathrm{d}}{\mathrm{d}r}\frac{r^2}{L-1}\right]^{-1} = \frac{2r}{(L-1)^2}\left|\frac{(L-1)}{2r}\right| = \frac{1}{L-1}$$

$$(4.3\text{-}7)$$

其中，最后一步遵遁了这样一个事实，即 r 是非负的，并且假设 $L>1$。正如所期望的那样，结果是一个均匀的 PDF。

对于离散值，我们处理其概率（直方图值）与求和来替代处理

概率密度函数与积分。正如前面提到的那样，一幅数字图像中灰度

级 r_k 出现的概率近似为

$$P_r(r_k) = \frac{n_k}{MN}, \quad k = 0,1,2,\cdots,L-1 \quad (4.3\text{-}8)$$

其中，MN 是图像中像素的总数，n_k 是灰度为 r_k 的像素个数，L 是

图像中可能的灰度级的数量（即对 8 比特图像是 256）。这里，与 r_k

相对的 $P_r(r_k)$ 图形通常称为直方图。

式（4.3-4）中变换的离散形式为

$$s_k = T(r_k) = (L-1)\sum_{j=0}^{k} p_r(r_j) = \frac{(L-1)}{MN}\sum_{j=0}^{k} n_j, \quad k = 0,1,2,\cdots,L-1$$

$$(4.3\text{-}9)$$

这样，已处理的图像（即输出的图像）通过式（4.3-9）将输入图

像中灰度级为 r_k 的各像素映射到输出图像中灰度级为 s_k 的对应像

素得到。在这个公式中，变换（映射）$T(r_k)$ 称为直方图的均衡或

直方图线性变换。

因为直方图是 PDF 的近似，而且在处理中不允许造成新的灰度

级，所以在实际的直方图均衡应用中，很少见到完美平坦的直方图。

因此，不像连续的情况，通常不能证明离散直方图均衡会导致均匀

的直方图。然而，式（4.3-9）具有展开输入图像直方图的趋势，

均衡后的图像灰度级跨越更宽灰度级范围，最终结果是增强了对
比度。

4.3.2　直方图匹配（规定化）

如前所述，直方图均衡能自动地确定变换函数，该函数寻求产
生有均匀直方图的输出图像。当需要自动增强时，这是一种好办法，
因为由这种技术得到的结果可以预知，并且这种方法实现起来也很
简单。对于某些应用，采用均匀直方图的基本增强并不是最好的方
法。特别地，有时我们希望处理后的图像具有规定的直方图形状可
能更有用。这种用于产生处理后有特殊直方图的方法称为直方图匹
配或直主图规定化。

现在我们暂时回到连续灰度 r 和 z（看成是连续随机变量），并
令 $P_r(r)$ 和 $P_z(z)$ 表示它们所对应的连续概率密度函数。在这种表示
方法中，r 和 z 分别表示输入图像和输出（已处理）图像的灰度级。
我们可以由给定的输入图像估计 $P_r(r)$，它是我们希望输出图像的
指定概率密度函数。

令 s 为一个有如下特性的随机变量：

$$s = T(r) = (L-1)\int_0^r p_r(w)\mathrm{d}w \qquad (4.3\text{-}10)$$

其中，如前面一样，w 为积分假变量。我们发现这个表达式是式（4.3-4）给出的直方图均衡的连续形式。

接着，我们定义一个有如下特性的随机变量 z：

$$G(z) = (L-1)\int_0^z p_z(t)\mathrm{d}t = s \qquad (4.3\text{-}11)$$

其中，t 为积分假变量。由这两个等式可得 $G(z) = T(r)$，因此 z 必须满足下列条件：

$$z = G^{-1}\big[T(r)\big] = G^{-1}(s) \qquad (4.3\text{-}12)$$

一旦由输入图像估计出 $P_r(r)$，变换函数 $T(r)$ 就可由式（4.3-10）得到。类似地，因为 $P_z(z)$ 已知，变换函数 $G(z)$ 可由式（4.3-11）得到。

式（4.3-10）到式（4.3-12）表明，使用下列步骤，可由一幅给定图像得到一幅其灰度级具有指定概率密度函数的图像：

①由输入图像得到 $P_r(r)$，并由式（4.3-10）求得 s 的值。

②使用式（4.3-11）中指定的 PDF 求得变换函数 $G(z)$。

③求得反变换函数 $z = G^{-1}(s)$。因为 z 是由 s 得到的，所以该处理是 s 到 z 的映射，而后者正是我们期望的值。

④首先用式（4.3-10）对输入图像进行均衡得到输出图像，该

图像的像素值是 s 值。

对均衡后的图像中具有 s 值的每个像素执行反映射 $z = G^{-1}(s)$，得到输出图像中的相应像素。当所有的像素都处理完后，输出图像的 PDF 将等于指定的 PDF。

直方图规定化在原理上是简单的，但在实践中，一个共同的困难是寻找 $T(r)$ 和 G^{-1} 的有意义的表达式。在处理离散量时，问题可被大大简化。这里仅希望得到一个近似的直方图，所以，付出的代价与直方图均衡一样。然而，不管这些，可以得到一些非常有用的结果，尽管结果是粗糙的近似。

式（4.3-10）的离散形式是式（4.3-9）中的直方图均衡变换，为方便起见，我们重写如下：

$$s_k = T(r_k) = (L-1)\sum_{j=0}^{k} p_r(r_j) = \frac{(L-1)}{MN}\sum_{j=0}^{k} n_j, \quad k = 0,1,2,\cdots,L-1$$

$$(4.3-13)$$

与前面一样，其中 MN 是图像的像素总数，n_j 是具有灰度值 r_j 的像素数，L 是图像中可能的灰度级数。类似地，给定一个规定的 s_k 值，式（4.3-11）的离散形式涉及计算变换函数

$$G(z_q) = (L-1)\sum_{i=0}^{q} P_z(z_i) \qquad (4.3\text{-}14)$$

对于一个 q 值，有

$$G(z_q) = s_k \qquad (4.3\text{-}15)$$

其中，$P_z(z_i)$ 是规定的直方图的第 i 个值。与前面一样，我们用反变换找到期望的值 z_q：

$$z_q = G^{-1}(s_k) \qquad (4.3\text{-}16)$$

换句话说，该操作对每一个值 s 给出一个 z 值。这样，就形成了从 s 到 z 的一个映射。

实践中，我们不需要计算 G 的反变换。因为我们处理的灰度级是整数（如 8 比特图像的灰度级是从 0 到 255），使用式（4.3-14）计算 $q = 0,1,2,\cdots,L-1$ 时的所有可能 G 值是一件简单的事情。标定这些值，并四舍五入为区间 $[0, L-1]$ 内的最接近整数。将这些值存储在一个表中，然后，给定一个特殊的 s_k 值后，我们可以查找存储在表中的最匹配的值。例如，如果在表中第 64 个输入接近 s_k，则 $q = 63$，故 z_{63} 是式（4.3-15）的最优解。这样，给定的 s_k 值就与

z_{63} 关联在一起。因为 z 项是用于规定的直方图 $P_z(z)$ 作为基础所用的灰度，它遵遁 $z_0 = 0$，$z_1 = 1, \cdots$，$z_{L-1} = L - 1$，因此，z_{63} 的灰度值为 63。重复这个过程，我们将找到每个 s_k 值到 z_q 值的映射，它们是式（4.3-15）的最接近的解。这些映射也是直方图规定化问题的解。

s_k 是直方图均衡后的图像的值，我们可以总结直方图规定化过程如下：

①计算给定图像的直方图 $P_r(r)$，并用它寻找式（4.3-13）的直方图均衡变换。把 s_k 四舍五入为 $[0, L-1]$ 范围内的整数。

②用式（4.3-14）对 $q = 0, 1, 2, \cdots, L-1$ 计算变换函数 G 的所有值，其中 $P_z(z_i)$ 是规定的直方图的值。把 G 的值四舍五入为 $[0, L-1]$ 范围内的整数，将 G 的值存储在一个表中。

③对每一个值 s_k，$k = 0, 1, 2, \cdots, L-1$ 使用步骤②存储的 G 值寻找相应的 z_q 值，以使 $G(z_q)$ 最接近 s_k，并存储这些从 s 到 z 的映射。当满足给定 s_k 的 z_q 值多于 1 个时（即映射不唯一时），按惯例

选择最小的值。

④首先对输入图像进行均衡，然后使用步骤③找到的映射把该图像中的每个均衡后的像素值 s_k 映射为直方图规定化后的图像中的相应 z_q 值，形成直方图规定化后的图像。正如连续情况那样，均衡输入图像的中间步骤是概念上的。它可以用合并两个变换函数 T 和 G^{-1} 跳过这一步。

对于满足条件（a′）和（b）的 G^{-1}，G 必须是严格单调的，根据式（4.3-14），它意味着规定的直方图的任何 $P_z(z_i)$ 值都不能为零。当工作在离散数值的情况时，该条件可能不满足的事实并不是一个严重的实现问题，如上面的步骤③中指出的那样。

4.3.3 局部直方图处理

前面我们讨论的直方图处理方法是全局性的，在某种意义上，像素被基于整幅图像的灰度分布的变换函数修改。虽然这种全局方法适用于整个图像的增强，但存在这样的情况，增强图像中小区域的细节也是需要的。这些区域中，一些像素的影响在全局变换的计算中可能被忽略了，因为全局变换没有必要保证期望的局部增强。

解决方法是以图像中每个像素的邻域中的灰度分布为基础设计变换函数。

　　前面描述的直方图处理技术很容易适应局部增强。该过程是定义一个邻域，并把该区域的中心从一个像素移至另一个像素。在每个位置，计算邻域中的点的直方图，并且得到的不是直方图均衡化，就是规定化变换函数。这个函数最终用于映射邻域中心像素的灰度。然后，邻域的中心被移至一个相邻像素位置，并重复该过程。当邻域进行逐像素平移时，由于只有邻域中的一行或一列改变，所以可在每一步移动中，以新数据更新前一个位置得到的直方图。这种方法与区域每移动一个像素位置就计算邻域中所有像素的直方图相比有明显的优点。有时用于减少计算量的另一种方法是使用非重叠区域，但这种方法通常会产生我们不希望的"棋盘"效应。

4.3.4　在图像增强中使用直方图统计

　　直接从直方图获得的统计参数可用于图像增强。令 r 表示在区间 $[0, L-1]$ 上代表灰度值的一个离散随机变量，并令 $P(r_i)$ 表示对应于 r_i 值的归一化直方图分量。如前面指出的那样，我们可以把 $P(r_i)$ 看成是得到直方图的那幅图像的灰度 r_i 出现的概率的估计。

r 关于其均值的 n 阶矩定义为

$$\mu_n(r) = \sum_{i=0}^{L-1} (r_i - m)^n p(r_i) \qquad (4.3\text{-}17)$$

其中，m 是 r 的均值（平均灰度，即图像中像素的平均灰度）：

$$m = \sum_{i=0}^{L-1} r_i p(r_i) \qquad (4.3\text{-}18)$$

二阶矩特别重要

$$\mu_2(r) = \sum_{i=0}^{L-1} (r_i - m)^2 p(r_i) \qquad (4.3\text{-}19)$$

我们将该表达式称为灰度方差，通常用 σ^2 表示。均值是平均灰度的度量，方差（或标准差）是图像对比度的度量。显然，一旦从给定的图像得到了直方图，用前边的表达式就很容易计算所有的矩。

在仅处理均值和方差时，实际上通常直接从取样值来估计它们，而不必计算直方图。近似地，这些估计称为取样均值和取样方差。它们可以根据基本的统计学由下面熟悉的形式给出：

$$m = \frac{1}{MN} \sum_{x=0}^{M-1} \sum_{y=0}^{N-1} f(x, y) \qquad (4.3\text{-}20)$$

和

$$\sigma^2 = \frac{1}{MN}\sum_{x=0}^{M-1}\sum_{y=0}^{N-1}\left[f(x,y)-m\right]^2 \qquad (4.3\text{-}21)$$

其中，$x=0,1,2,\cdots,M-1$，$y=0,1,2,\cdots,N-1$。换句话说，众所周知，一幅图像的平均灰度可以由求所有像素的灰度值之和并用图像中的像素总数去除而得到。类似的解释适用于式（4.3-21）。如下面的例子所示，使用这两个公式得到的结果等同于使用式（4.3-18）和式（4.3-19）得到的结果，前提是这些公式中使用的直方图是由式（4.3-20）和式（4.3-21）中使用的同一幅图像计算得到的。

例：直方图的统计计算

考虑下面的像素大小为 2 比特的图像

$$\begin{matrix} 0 & 0 & 1 & 1 & 2 \\ 1 & 2 & 3 & 0 & 1 \\ 3 & 3 & 2 & 2 & 0 \\ 2 & 3 & 1 & 0 & 0 \\ 1 & 1 & 3 & 2 & 2 \end{matrix}$$

像素由 2 比特表示。因此，$L=4$ 且灰度级在 $[0,3]$ 范围内。总像素数是 25，因此，直方图分量为

$$p(r_0) = \frac{6}{25} = 0.24, \quad p(r_1) = \frac{7}{25} = 0.28$$

$$p(r_2) = \frac{7}{25} = 0.28, \quad p(r_3) = \frac{5}{25} = 0.20$$

其中，$p(r_i)$ 中的分子是具有灰度级 r_i 的图像中的像素数。我们可用式（4.3-18）计算图像中灰度级的平均值：

$$m = \sum_{i=0}^{3} r_i p(r_i) = (0)(0.24) + (1)(0.28) +$$

$$(2)(0.28) + (3)(0.20) = 1.44$$

令 $f(x, y)$ 表示前面的 5×5 阵列，使用式（4.3-20）我们得到

$$m = \frac{1}{25} \sum_{x=0}^{4} \sum_{y=0}^{4} f(x, y) = 1.44$$

如期望的那样，结果一致。类似地，使用式（4.3-19）或（4.3-21）得到的方差相同。

我们考虑用于增强目的的均值和方差的两种应用。全局均值和方差是在整幅图像上计算的，这对于全面灰度和对比度的总体调整是有用的。这些参数的一种更强有力的应用是局部增强，在局部增强中，局部均值和方差是根据图像中每一像素的邻域中的图像特征进行改变的基础。

令 (x, y) 表示给定图像中任意像素的坐标，S_{xy} 表示规定大小

的以 (x, y) 为中心的邻域（子图像）。该邻域中像素的均值由下式给出：

$$m_{S_{xy}} = \sum_{i=0}^{L-1} r_i p_{S_{xy}}(r_i) \qquad (4.3\text{-}22)$$

其中， $p_{S_{xy}}$ 是区域 S_{xy} 中像素的直方图。该直方图有 L 个分量，对应于输入图像中 L 个可能的灰度值。然而，许多分量是 0，具体取决于 S_{xy} 的大小。例如，如果邻域大小为 3×3，且 $L = 256$，那么该邻域的直方图的 256 个分量中仅 1 和 9 之间的分量非零。这些非零值将对应 S_{xy} 中的不同灰度数（在 3×3 区域中可能的不同灰度的最大数是 9，最小数是 1）。

类似地，邻域中像素的方差由下式给出：

$$\sigma_{S_{xy}}^2 = \sum_{i=0}^{L-1} (r_i - m_{S_{xy}})^2 p_{S_{xy}}(r_i) \qquad (4.3\text{-}23)$$

和前面一样，局部均值是邻域 S_{xy} 中平均灰度的度量，局部方差（或标准差）是邻域中灰度对比度的度量。对邻域，我们可写出类似于式（4.3-20）和式（4.3-21）的表达式，即简单地对邻域中的像素值求和，并除以邻域中的像素数。

使用局部均值和方差进行图像处理的一个重要方面是它的灵

活性, 它们提供了简单而强有力的基于统计度量的增强技术, 而统计度量与图像的外观有紧密的、可预测的关系。

4.3.5 基于直方图的图像自适应均衡算法

传统直方图均衡算法经常出现对低灰度层过度拉伸, 产生图像被过度增强, 或是使像素较少的灰度级在变换时被合并, 导致图像的边缘或细节信息丢失等现象。为了改善这种算法的不足, 本小节提出一种改进的自适应均衡算法。该算法先对图像进行传统的直方图均衡处理, 然后将处理后的图像再进行一次函数映射, 保证变换后的图像具有一个较大的灰度动态范围, 最后确定适当的亮度调节系数, 提高整幅图像的对比度, 达到较好的视觉效果。实验结果表明, 改进后的算法可以有效地改善传统算法的不足, 具有较高的适应性。

灰度变换是数字图像处理中实现图像增强的重要手段, 其主要原理是利用各种变换改变原图像灰度级的分布范围, 从而达到理想的处理效果, 而使用直方图均衡化算法是实现灰度变换的一种重要手段。直方图均衡是图像处理中的常用方法, 它是实现图像增强、压缩及识别的基础。利用直方图均衡可以使具有较小灰度分布图像的灰度范围均匀分布, 能够实现图像的增强, 改善整体的对比度,达到较好的视觉效果。但是该算法存在一些不足之处，主要体现在如下几个方面：过度拉伸，尤其是对原图像中具有较多像素的灰度级产生了过度增强，增加了噪声；细节丢失，使图像中具有较少灰度级的像素在变换时被合并，导致图像的一些边缘和细节信息丢失；缺乏自适应调节机制，不能实现按需处理，不利于实现图像变换的自动化。为了解决上述问题，本文提出一种自适应均衡算法，并能够达到较好的处理效果。

（1）直方图均衡算法原理

直方图就是指图像中各灰度级的概率密度分布。而对其概率分布进行某种变换使其分布趋于均匀化，就是所谓的直方图均衡。图像经过直方图均衡处理后能增大灰度的动态范围，从而增强了图像对比度。有关直方图均衡变换函数、概率密度函数及它们的特性说明见 4.3.1 中式（4.3-1）～（4.3-9）。

（2）改进的直方图均衡算法

由于直方图理论来源于连续函数，而数字图像处理的是离散值，导致直方图变换的时候得到的是累加近似值。因此，很容易造成量化误差，使图像的一些低灰度级被合并，造成某些灰度信息丢失。为了克服以上原因所带来的缺陷，许多学者提出了修正算法，有些算法比较复杂，有些算法适应性不强，需要进行直方图规定化、进行大量计算等等。改进的直方图均衡算法针对图像由于低灰度层的像素过多，在均衡时被合并成过高的灰度级，均衡后并不能达到理想的处理效果，进行如下改进：、先将图像进行均衡处理，然后对处理后的图像的所有像素进行函数映射，控制灰度级有较大的分布范围。之后，对映射后的图像进行亮度调整，调节亮度补偿系数，使图像具有较高的对比度。具体映射函数如下：

$$T_k = \frac{(L-1) - \alpha X_{\min}}{X_{\max} - X_{\min}}(X_k - X_{\min}) + \alpha X_{\min}$$

$$k = 0,1,2,\cdots L-1 , \ 0 \le \alpha \le 1 \qquad (4.3\text{-}24)$$

其中：T_k 是变换后最终图像灰度值；$X_{\min}$、$X_{\max}$ 是第一次均衡后图像中的灰度最小值及最大值；X_k 是像素灰度值；α 是亮度调节系数，可以适当调节 α 的系数使图像具有较好的对比度。为了使改进后的算法具有更好的适应性，可利用 MATLAB GUI 技术设置控制 α 值的滑标，利用滑标滑动观测图像的视觉效果。经过大量实验可以证明当 $\alpha = 0.3$ 左右时，能够很好地控制低灰度层的合并现象，能较好地表现原图中的细节，减少了过度拉伸及细节丢失等现象。于是，可以将式(4.3-24)中的 α 值确定为0.3，这样就大大减少了计算量，也可以使该算法变得运算简单，容易实现。

（3）实验仿真与分析

使用 MATLAB 10 作为仿真工具，针对一些低灰度图像，利用改进后的算法进行图像增强处理，并将处理后的结果与传统直方图均衡处理的结果进行对比和分析，具体比较效果如图 4.10 所示。

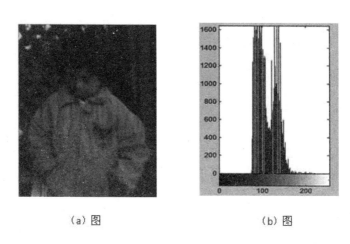

（a）图　　　　　　　　　　　（b）图

图 4.10　原图和相应的直方图

图 4.10 中的（a）图为灰度级呈现中间部分高、两端低的分布图像，（b）图为其相应的直方图。从（a）图中可以看出，图像中背景和人物的对比度不强，有些背景信息不太清楚，主要原因是两端低灰度层数量较少，分布不均匀。

 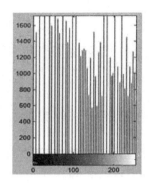

（a）图　　　　　　　　　　（b）图

图 4.11　直方图均衡后的图像和相应的直方图

图 4.11 中的（a）图是传统直方图均衡后的效果图，（b）图是其相应的直方图。从（a）图中可以看到整幅图像的亮度及对比效果有了明显的提升，但是出现了过度拉伸及一些细节失真的现象，通过（b）图的直方图可以找到出现这种现象的原因，图像中两端的低灰度层都出现了过度合并及提高等现象，使中间的高灰度层的分布也过于分散，从而导致一些细节信息被过分拉伸和丢失。

 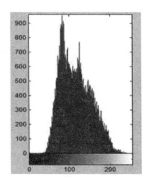

（a）图 （b）图

图 4.12 自适应算法处理后的图像和相应的直方图

图 4.12 中的（a）图是使用改进后直方图均衡处理的效果图，图（b）是其相应的直方图。通过比较明显可以看出，改进后的处理图比原图有了较好的对比度增强，同时也使一些背景的细节信息有了较好的保留，很好地抑制了过度拉伸等现象，通过直方图对比可以发现，像素灰度级的分布接近于均匀分布，实现了均衡处理的目的。

实验结果表明本节提出的改进的自适应直方图均衡算法，可以很好地弥补传统直方图均衡处理时所带来的细节丢失和过度拉伸等缺陷。相比较而言，该方法比其他改进算法计算更为简单，执行效率较高，具有很好的适应性，容易实现。

4.4 图像点运算在图像灰度变换中的应用与实现

图像点运算是实现灰度变换的常用方法，按照变换函数的不同，点运算可以分为线性和非线性两种。利用图像像素所组成的空间，直接对像素进行各种函数操作，是数字图像处理中实现图像增强的最常用技术，习惯上把这种通过空间上的函数变换，实现图像处理的过程称为图像的空域变换。实现空域变换的方式有两种：其一是基于像素点的，即每次对图像的处理是对每个像素进行的，而与其他像素无关，我们称之为图像的点运算；其二是基于模板的，也就是对图像的每次处理是对图像的每个子图进行的，每个子图都是以某个像素点为中心的几何形邻域，我们将这种运算称之为邻域运算或是模板运算。

本节重点分析介绍图像点运算对图像灰度变换的影响和作用，并利用 matlab 编程实现对图像的点运算，通过分析实验效果给出实验结论。

4.4.1 图像点运算

图像点运算就是指对图像中的每一个像素点进行计算，使其输出的每一个像素值仅由其对应点的值来决定，即可以理解为点到点之间的映射。其函数表现形式为：$B(x,y) = f[A(x,y)]$，其中 $[A(x,y)]$ 为输入图像，$B(x,y)$ 为输出图像，f 为映射函数。点运算是实现图像增强处理的常用方法之一，经常用于改变图像的灰度范围及分布，一般简称为灰度变换。通过这种方法可以使图像的动态范围增大，增强图像的对比度，使图像变得更加清晰。

点运算完全由灰度映射函数 f 决定。根据 f 的不同可以将图像的点运算分为线性点运算和非线性点运算两种。

线性点运算的的函数形式可以用线性方程来描述，即 $F(D_A) = a * D_A + b = D_B$，其中 D_A 用来表示输入点的灰度值，而 D_B 则用来表示相应输出点的灰度值。其函数图如图 4.13 所示。

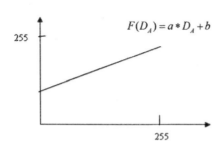

图 4.13　$F(D_A) = a * D_A + b$ 函数关系图

非线性点运算主要是指映射函数 f 为非线性关系，常用的非线性关系一般多为对数、幂指数等。其中对数变换的通用形式为：$D'=c*\log(1+|D|)$，其中 c 是一个常数。其函数图如图 4.14 所示。

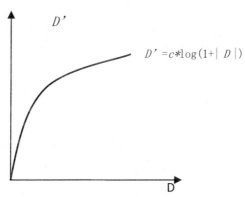

图 4.14　$D'=c*\log(1+|D|)$ 函数关系图

通过图像曲线可以看出，使用对数函数实现图像的非线性变换能够完成图像灰度级的扩展和压缩，它能将图像中范围较窄的低灰度值映射成较宽范围的灰度值，相反，对于高输入灰度值也是如此。而幂指数形式的通用形式为 $s=cr^{\gamma}$，其中 c 和 γ 是正常数。其函数图如图 4.15 所示。

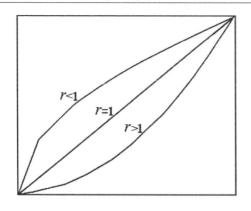

图 4.15　$s=cr^\gamma$ 函数关系图

通过对图 4.15 进行分析可知，当 $\gamma<1$ 时，幂律变换与对数变换的情况相似；当 $\gamma>1$ 时与 $\gamma<1$ 时情况相反；$\gamma=1$ 时，若 $c=1$，此时则变成了恒等变换。通过对比可知幂律变换要比对数变换应用范围更广，习惯上把幂律变换实现的图像对比度增强成为伽马校正。

4.4.2　图像点运算的 matlab 实现

为了验证处理效果，将分别从对图像的线性点运算和非线性点运算中各选出一例进行重点介绍。

基本思想：首先构造增强对比度的函数，然后利用双循环控制，分别对图像的每一个像素点进行线性函数或非线性变换，最后将重构的图像和原图像对比、分析，给出实验结果。

（1）DB= a*DA+b 形式的线性点运算

```
x1=imread('pout.tif');
subplot(2,3,1); imshow(x1),title('原始图像');
axis square;
f0=0; g0=30;
f1=255; g1=255;
subplot(2,3,2); plot([f0,f1],[g0,g1]); title('增强对
比度的变换曲线');
axis square; axis([0,256,0,256])
grid on
r=(g1-g0)/(f1-f0);
[m,n]=size(x1);
x2=double(x1);
for i=1:m
    for j=1:n
        f=x2(i,j);
        g(i,j)=0;
        if(f>=0)&(f<=255)
```

$$g(i, j)=r*f+g0;$$

　　　　　　end

　　　　end

end

subplot(2,3,3)，imshow(mat2gray(g))；title('变换后的图像')；axis square

为验证处理效果，分别对 a、b 取不同值，得到如下结果。

①当 a=1.5，b=20 时，处理效果如图 4.16 所示：

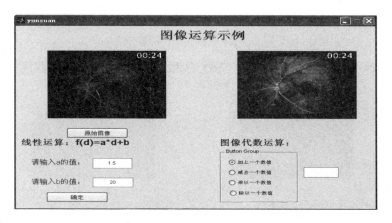

图 4.16　a=1.5 时线性点运算处理后对比图

②当 a=0.5，b=20 时，处理效果如图 4.17 所示：

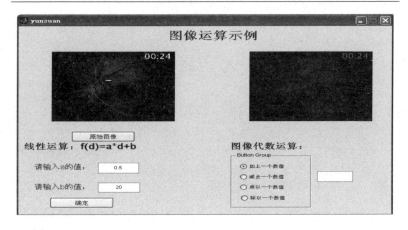

图 4.17 a=0.5 时线性点运算处理图后对比图

③当 a=1，b=0 时，处理效果如图 4.18 所示：

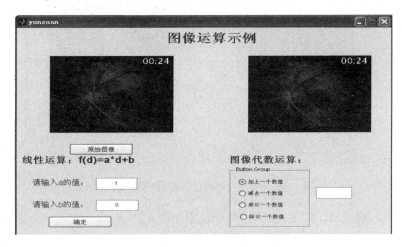

图 4.18 a=1 时线性点运算处理后对比图

④当 a=-1，b=100 时，处理效果如图 4.19 所示：

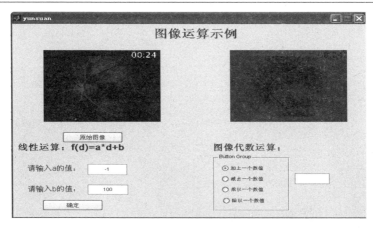

图4.19　a=-1时线性点运算处理后对比图

（2）D'=c*log(1+| D |)形式的非线性点运算

x1=imread('circuit.tif');

subplot(2,3,1);imshow(x1),title('原始图像');axis square

c=255/log(256);

x=0:1:255;

y=c*log(1+x);

subplot(2,3,2);plot(x,y);title('增强对比度的变换曲线');axis square;axis([0,256,0,256])

grid on

r=(g1-g0)/(f1-f0);

[m,n]=size(x1);

```
x2=double(x1);

for i=1:m

    for j=1:n

            g(i, j)=c*log(x2(i, j)+1);

    end

end

subplot(2,3,3),imshow(mat2gray(g));title('变换后的图像
');axis square
```

运行结果如下:

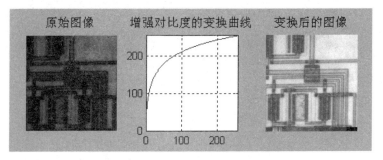

图 4.20   非线性增强处理的对比效果

4.4.3 实验结果分析和结论

通过对图 4.16~4.19 的分析可以看出，经过处理后的图像对

比度有了明显的提升。经过对 a、b 赋于不同的值，经行多次实验

可以得到如下结论:

当 a>1 时,系统处理后的图像较原始图像在对比度上有了明显的增加;

当 a<1 时,处理后的图像对比度明显减小;

当 a=1,b=0 时,处理后的图像和原始图像没有区别,实现的是简单复制;

当 a=1,b>0 时,处理后的图像在亮度上增加;

当 a=1,b<0 时,处理后的图像在亮度上变暗;

当 a=-1,b=0 时,产生负像;

当 b>0 时,图像的亮度将会增加;

当 b<0 时,图像的亮度将会降低。

通过对图 4.20 分析可以看出,原图像中那些低灰度级范围的图像都被变换成了高灰度级,从而使整幅图像的灰度级有了明显的提升。因此,对图像采用诸如对数或幂律等非线性变换时,都能够完成对图像灰度级的扩展与压缩,从而使不同灰度级实现灰度变换。

附记:本章内容主要引自文献[3]、文献[4]、文献[5]和文献[6]。

参考文献

[1] 张懿，刘旭，李海峰.自适应图像直方图均衡算法[J].浙江大学学报：工学版，2007.

[2] 李冠章，罗武胜，李沛.基于人眼视觉特性的彩色图像增强算法[J].光电工程，2009，36(11)：92-95.

[3] 张红梅.基于直方图的图像自适应均衡算法[J].电脑知识与技术，2014.11.

[4] 张红梅.图像点运算在图像灰度变换中的应用与实现[J].内蒙古民族大学学报：自然科学版，2012，11.

[5] Zhang Zhigao , Zhang Hongmei , Pei Zhili.Adaptive Equalization Algorithm for Image Based on Histogram[J].MEIC2014, 2014, 11.

[6] Zhang Hongmei, Zhang Zhigao, Pei Zhili.Application and Implementation of Image Point Operation in Gray Scale Transformation[J].ESAC2015, 2015, 8.

第 5 章　空间滤波

5.1　空间滤波基本原理

空间滤波器由一个邻域（典型的是一个较小的矩阵）及对该邻域包围的图像像素执行的预操作组成。滤波产生一个新像素，新像素的坐标等于邻域中心的坐标，像素的值是滤波操作的结果。滤波器的中心访问输入图像中的每个像素，就生成了处理（滤波）后的图像。如果在图像像素上执行的是线性操作，则该滤波器称为线性空间滤波器。否则，滤波器就称为非线性空间滤波器。首先，我们重点关注线性滤波器，然后说明某些简单的非线性滤波器。

图 5.1 说明了使用 3×3 邻域的线性空间滤波的机理。在图像

中的任意一点 (x, y)，滤波器的响应 $g(x, y)$ 是滤波器系数与由该滤波器包围的图像像素的乘积之和：

$$g(x, y) = w(-1,-1)f(x-1, y-1) + w(-1,0)f(x-1, y) +$$
$$\cdots + w(0,0)f(x, y) + \cdots + w(1,1)f(x+1, y+1)$$

很明显，滤波器的中心系数 $w(0,0)$ 对准位置 (x, y) 的像素。对于一个大小为 $m \times n$ 的模板，我们假设 $m = 2a+1$，且 $n = 2b+1$，其中 a，b 为正整数。这意味着我们关注的是奇数尺寸的滤波器，其最小尺寸为 3×3。一般来说，使用大小为 $m \times n$ 的滤波器对大小为 $M \times N$ 的图像进行线性空间滤波，可由下式表示：

$$g(x, y) = \sum_{s=-a}^{a} \sum_{t=-b}^{b} w(s,t)f(x+s, y+t)$$

其中，x 和 y 是可变的，以便 w 中的每个像素可访问 f 中的每个像素。

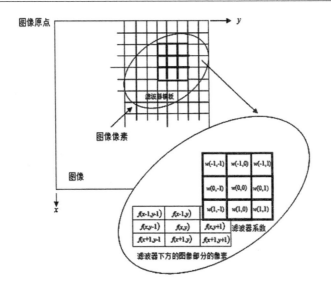

图 5.1 使用大小为 3×3 的滤波器模板的线性空间滤波的机理

5.2 平滑滤波

平滑滤波器用于模糊处理和降低噪声。模糊处理经常用于预处理任务中,例如,在(大)目标提取之前去除图像中的一些琐碎细节,以及桥接直线或曲线的缝隙。通过线性滤波和非线性滤波模糊处理,可以降低噪声。

5.2.1 线性平滑滤波

线性平滑空间滤波器的输出(响应)是包含在滤波器模板邻域

内的像素的简单平均值。这些滤波器有时也称为均值滤波器，也可以把它们归入低通滤波器。

平滑滤波器的基本概念非常直观。它使用滤波器模板确定的邻域内像素的平均灰度值代替图像中每个像素的值，这种处理的结果降低了图像灰度的"尖锐"变化。由于典型的随机噪声由灰度级的急剧变化组成，因此，常见的平滑处理应用就是降低噪声。然而，由于图像边缘（几乎总是一幅图像希望有的特性）也是由图像灰度尖锐变化带来的特性，所以均值滤波处理还是存在着不希望有的边缘模糊的负面效应。另外，这类处理的其他应用包括由于灰度级数量不足而引起的伪轮廓效应的平滑处理。均值滤波器的主要应用是去除图像中的不相关细节，其中"不相关"是指与滤波器模板尺寸相比较小的像素区域。

模板的响应特性 R 有时可以写成乘积的求和的形式：

$$R = w_1z_1 + w_2z_2 + \cdots + w_{mn}z_{mn} = \sum_{k=1}^{mn} w_kz_k = w^Tz \qquad （5.2\text{-}1）$$

其中 w 项是一个大小为 $m \times n$ 的滤波器的系数，z 是由滤波器覆盖的相应图像的灰度值。如果我们的兴趣是使用式（5.2-1）来做相关，我们可用给定的模板。为了使用相同的公式进行卷积操作，我们可以简单地把模板旋转180°。它意味着式（5.2-1）对特定的

坐标对 (x, y) 是成立的。

生成一个大小为 $m \times n$ 的线性空间滤波器要求指定 mn 个模板系数，这些系数是根据该滤波器支持什么样的操作来选择的，记住，我们使用线性滤波所能做的所有事情是实现乘积求和操作。例如，假设我们想要将图像中的这些像素替换为以这些像素为中心的 3×3 邻域的平均灰度。在图像中任意位置 (x, y) 的灰度平均值是以 (x, y) 为中心的 3×3 邻域中的 9 个灰度值之和除以 9。令 z_i，$i = 1, 2, \cdots, 9$ 表示这些灰度，那么平均灰度为

$$R = \frac{1}{9} \sum_{i=1}^{9} z_i$$

即使用系数为 1/9 的 3×3 模板进行线性滤波操作可实现所希望的平均，这一操作将导致图像平滑。

在某些应用中，我们有一个具有两个变量的连续函数，其目的是基于该函数得到一个空间滤波模板。例如，一个具有两个变量的高斯函数有如下基本形式：

$$h(x, y) = e^{\frac{x^2 + y^2}{2\sigma^2}}$$

其中，σ 是标准差，并且，通常我们假设坐标 x 和 y 是整数。譬如，为了从该函数产生一个大小为 3×3 的滤波器模板，我们关于其中心

101

进行取样。这样，就有 $w_1 = h(-1,-1)$ ， $w_2 = h(-1,0)$ ，…，

$w_9 = h(1,1)$ 。使用类似的方式可产生一个 $m \times n$ 滤波器模板。二维

高斯函数具有钟形形状，并且其标准差控制钟形的"紧度"。

图5.2显示了两个 3×3 平滑滤波器。第一个滤波器产生模板下

方的标准像素平均值。把模板系数代入式（5.2-1）即可清楚地看

出这一点：

$$R = \frac{1}{9} \sum_{i=1}^{9} z_i$$

R 为由模板定义的 3×3 邻域内像素灰度的平均值。注意，代替上

式中的 1/9，滤波器的系数全为"1"。这里的概念是系数取 1 值时

计算更有效。在滤波处理之后，整个图像除以9。一个 $m \times n$ 模板

应有等于 $1/mn$ 的归一化常数。所有系数都相等的空间均值滤波器

有时称为盒状滤波器。

图5.2所示的第二个模板更为重要一些。该模板产生所谓的加

权平均，使用这一术语是指用不同的系数乘以像素，即一些像素的

重要性（权重）比另一些像素的重要性更大。在图5.2（b）所示的

模板中，处于该模板中心位置的像素所乘的值比其他任何像素所乘

的值都要大，因此，在均值计算中为该像素提供更大的重要性。其

他像素如同是模板中心距离的函数那样赋以成反比的权重。由于对

角项离中心比离正交方向相邻的像素（参数为 $\sqrt{2}$ ）更远，所以它的权重比与中心直接相邻的像素更小。赋予中心点最高权重，然后随着距中心点距离的增加而减小系数值的加权策略的目的是在平滑处理中试图降低模糊。我们也可以选择其他权重来达到相同的目的。然而图 5.2（b）所示模板中所有系数的和等于 16，对于计算机计算来说是一个有吸引力的特性，因为它是 2 的整数次幂。在实践中，由于这些模板在一幅图像中任何一个位置所跨过的区域都很小，通常很难看出使用图 5.2 中的各种模板或类似方式进行平滑处理后的图像之间的差别。

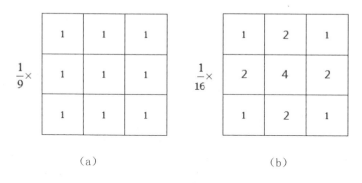

（a）　　　　　　　　　（b）

图 5.2　两个 3×3 平滑（均值）滤波器模板

一幅 $M \times N$ 的图像经过一个大小为 $m \times n$（m 和 n 是奇数）的加权均值滤波器滤波的过程可由下式给出：

$$g(x, y) = \frac{\sum_{s=-a}^{a} \sum_{t=-b}^{b} w(s,t) f(x+s, y+t)}{\sum_{s=-a}^{a} \sum_{t=-b}^{b} w(s,t)} \qquad (5.2\text{-}2)$$

它可以这样理解，即一幅完全滤波的图像是通过对 $x = 0, 1, 2, \cdots, M-1$ 和 $y = 0, 1, 2, \cdots, N-1$ 执行（5.2-2）得到的。式（5.2-2）中的分母部分简单地表示为模板的各系数之和，它是一个仅需计算一次的常数。

空间均值处理的一个重要应用是为了对感兴趣的物体得到一个粗略的描述而模糊一幅图像，这样，那些较小物体的灰度就与背景混合在一起了，较大物体变得像"斑点"而易于检测。模板的大小由那些即将融入背景中的物体尺寸来决定。

Wiener 滤波器是经典的线性降噪滤波器。Wiener 滤波的思想是 20 世纪 40 年代提出来的，是一种在平稳的条件下采用最小均方误差准则得出的最佳滤波。该方法就是寻找一个最佳的线性滤波器，使得均方误差最小，其实质是解维纳-霍夫（Wiener-Hoof）方程。

Wiener 滤波器首先估计出像素的局部矩阵均值和方差：

$$\mu = \frac{1}{MN} \sum_{n1, n2 \in \eta} a(n1, n2)$$

$$\sigma^2 = \frac{1}{MN} \sum_{n1,n2 \in \eta} a^2(n1,n2) - \mu^2$$

η 是图像中每个像素 $M \times N$ 的邻域，利用 Wiener 滤波器估计出其灰度值：

$$b(n1,n2) = \mu + \frac{\sigma^2 - v^2}{\sigma^2}(a(n1,n2) - \mu)$$

v^2 是整幅图像的方差，它根据图像的局部方差来调整滤波器的输出，当局部方差大时，滤波器的效果较弱，反之滤波器的效果强，是一种自适应滤波器。

MATLAB 工具箱中使用函数 imfilter 来实现线性平滑滤波，该函数的语法为：

g = imfilter(f, w, filtering_mode, boundary_options, size_options)

其中，f 是输入图像，w 是滤波掩模，g 为滤波结果。filtering_mode 用于指定在滤波过程中是使用相关（'corr'）还是卷积（'conv'）。boundary_options 用于处理边界充零问题，边界的大小由滤波器的大小确定。size_options 可以是 'same' 或 'full'。

函数 imfilter 的通用语法为：

g = imfilter(f, w, 'replicate')

在实现 IPT 标准线性滤波时，会使用该语法。

5.2.2 非线性平滑滤波

非线性平滑滤波也是基于邻域操作的，且可以通过定义一个大小为 $m \times n$ 的邻域，以其中心点滑过一幅图像的方式进行操作。线性空间滤波基于计算乘积之和（这是一个线性操作），而非线性平滑滤波则基于非线性操作，这种操作包含了一个邻域的像素。例如，令每个中心点处的响应等于其邻域内的最大像素值的操作即为非线性平滑滤波。滤波的概念仍然存在，但"滤波器"应看作是一个基于邻域像素操作的非线性函数，其响应组成了在邻域的中心像素处操作的响应。

统计排序滤波器是一种非线性空间滤波器，这种滤波器的响应以滤波器包围的图像区域中所包含的像素的排序（排队）为基础，然后使用统计排序结果决定的值代替中心像素的值。这一类中最知名的滤波器是中值滤波器。

中值滤波是一种去除噪声的非线性处理方法，是由 Turky 在 1971 年提出的。基本原理是把数字图像或数字序列中一点的值用该点的一个邻域中各点值的中值代替。中值的定义如下：

一组数 $x_1, x_2, x_3 \cdots, x_n$，把 n 个数按值的大小顺序排列于下：

$$x_{i1} \leq x_{i2} \leq x_{i3} \leq \cdots \leq x_{in}$$

$$y = \mathrm{Med}\{x_1, x_2, x_3, \cdots, x_n\} = \begin{cases} x_{i\left(\frac{n+1}{2}\right)} & n \text{ 为奇数} \\[4mm] \dfrac{1}{2}\left[x_{i\left(\frac{n}{2}\right)} + x_{i\left(\frac{n}{2}+1\right)}\right] & n \text{ 为偶数} \end{cases}$$

y 称为序列 $x_1, x_2, x_3 \cdots, x_n$ 的中值。把一个点的特定长度或形状的邻域称为窗口。在一维情形下，中值滤波器是一个含有奇数个像素的滑动窗口，窗口正中间那个像素的值用窗口内各像素值的中值代替。设输入序列为 $\{x_i, i \in I\}$ ，I 为自然数集合或子集，窗口长度为 n ，则滤波器输出为：

$$y_i = \mathrm{Med}\{x_i\} = \mathrm{Med}\{x_{i-u}, \cdots, x_i, \cdots, x_{i+u}\}$$

其中，$i \in I$ ，$u = (n-1)/2$ 。

中值滤波的概念很容易推广到二维，此时可以利用某种形式的二维窗口。设 $\{x_{ij}, (i,j) \in I^2\}$ 表示数字图像各点的灰度值，滤波窗口为 A 的二维中值滤波可定义为：

$$y_{ij} = \mathrm{Med}_A\{x_{ij}\} = \mathrm{Med}\{x_{i+r, j+s}, (r,s) \in A, (i,j) \in I^2\}$$

二维中值滤波可以取方形，也可以取近似圆形或十字形。

中值滤波是非线性运算，因此对于随机性质的噪声输入，数学分析是相当复杂的。由大量实验可得，对于零均值正态分布的噪声输入，中值滤波输出与输入噪声的密度分布有关，输出噪声方差与输入噪声密度函数的平方成反比。

对随机噪声的抑制能力，中值滤波性能要比平均值滤波差些。但对于脉冲干扰来讲，特别是脉冲宽度较小、相距较远的窄脉冲，中值滤波是很有效的。这种噪声被称为椒盐噪声，因为这种噪声是以黑白点的形式叠加在图像上的。

中值滤波器不像均值滤波器那样，它在衰减噪声的同时不会使图像的边界模糊，这也是中值滤波器受欢迎的主要原因。中值滤波器去噪声的效果依赖于两个要素：邻域的空间范围和中值计算中所涉及的像素数。一般来说，小于中值滤波器面积一半的亮或暗的物体基本上会被滤掉，而较大的物体则几乎会原封不动地保存下来。因此中值滤波器的空间尺寸必须根据手中的问题来进行调整。较简单的模板是 $N \times N$ 的方形（这里 N 通常是奇数），计算时用到所有 N 个像素点。另外，我们也可以使用稀疏分布的模板来节省时间。

常用的稀疏矩阵有：

$$\text{domain} = \begin{bmatrix} 0 & 0 & 1 & 0 & 0 \\ 0 & 0 & 1 & 0 & 0 \\ 1 & 1 & 1 & 1 & 1 \\ 0 & 0 & 1 & 0 & 0 \\ 0 & 0 & 1 & 0 & 0 \end{bmatrix} \qquad \text{domain} = \begin{bmatrix} 1 & 0 & 0 & 0 & 1 \\ 0 & 1 & 0 & 1 & 0 \\ 0 & 0 & 1 & 0 & 0 \\ 0 & 1 & 0 & 1 & 0 \\ 1 & 0 & 0 & 0 & 1 \end{bmatrix}$$

这里仅举两例，例子都是对于 5×5 的模板来说的。当然，实际应用中可以根据不同的情况选取不同大小的模板，来达到更好的应用效果。

需要说明的是，中值滤波只是排序统计滤波中的一种，即用当前窗中灰度排序在中间的值代替当前点的值。我们在实现中也可以用其他规定点的值代替，在 MATLAB 中这种滤波器可以用 ordfilt2(A, order, domain) 函数来实现，分别举例如下：

B=ordfilt2(A, 1, ones(3,3)) 实现 3×3 的最小值滤波器，因为它取全 1 模板中排在最小位置处的那个像素。

B=ordfilt2(A, 9, ones(3,3)) 实现 3×3 的最大值滤波器，因为它取全 9 模板中排在最小位置处的那个像素。

B=ordfilt2(A, 1, [0 1 0; 1 0 1; 0 1 0]) 的输出是每个像素的东、西、南、北四个方向相邻像素灰度的最小值，因为它取四相邻的模板中排在最小位置处的那个像素。

5.2.3 基于 MATLAB GUI 实现数字图像中值滤波

中值滤波是处理受脉冲噪声污染图像的常用技术，然而使用传统中值滤波方法消除噪声时容易丢失许多边缘和细节信息，使图像变得模糊甚至失真。为了减少这种失真，可以采用基于可变窗口的自适应中值滤波技术。本节通过总结算法，使用 MATLAB 自身提供的图形界面开发环境 GUI 设计一个可视化的中值滤波操作界面，使用户可以根据现实需要选择不同的滤波方法。经过仿真实验验证，利用界面操作平台实现中值滤波可以方便用户使用，并能够达到较好的应用效果。

数字图像在获取和传输的过程中，经常会由于受到外界电磁场的干扰产生脉冲噪声，从而导致图像丢失一些重要数据，为后续的分割、提取和重建造成了一定的影响。这些脉冲噪声在图像上表现为一些黑白相间的亮点相互叠加且具有随机性，这种噪声称之为椒盐噪声。对于这类噪声的去除，常采用中值滤波方法。在使用中值滤波消除椒盐噪声影响时，通常会涉及滑动窗口的调整，或者使用一些算法实现自适应中值滤波，这对于一般用户而言是很难实现的。着眼于普通用户，利用 MATLAB GUI 图形界面开发工具，设计一个可供用户选择的数字图像中值滤波界面，通过可视的效果选择不同的窗口和滤波方法，从而达到较好的处理效果。

（1）中值滤波

中值滤波是一种基于邻域计算的空间滤波算法，这种滤波器的响应是以滤波器的图像区域中所包含的像素的有序排列为基础，然后使用这个队列中的中间值代替这个图像区域中的中心像素值，其数学表达式可以表示为 $\hat{f}(x,y) = \text{median}\{g(s,t)\}$，其中 $g(x,y)$ 表示含有噪声的图像，s_{xy} 表示以 (x,y) 点为中心像素的 $g(x,y)$ 的子图像（滑动滤波窗口），其大小为 $m \times m$。例如当 $m=3$ 时，s_{xy} 就是一个 3×3 的邻域，对于该邻域内的一系列像素值 $\{10, 20, 20, 20, 15, 25, 25, 20, 100\}$ 进行升序排列后为 $\{10, 15, 20, 20, 20, 20, 25, 25, 100\}$，那么其中值就是第 5 个值 20。实际上采用 $m \times m$ 中值滤波主要是去除那些相对于其邻域像素更高或更暗的孤立像素族，使其强制为邻域的中值灰度。

在对图像进行中值滤波时，滤波器是从原点出发依次对所有像素进行了中值滤波，这当然能够很好地抑制脉冲噪声，达到去噪的效果，但是，却没有考虑那些没有经过噪声污染的像素，而全部将其转换成了中值像素点。这所带来的直接后果就是使图像容易丢失许多边缘和细节信息，会使图像变得模糊或者失真。

针对传统中值滤波的缺陷，一些学者提出了自适应中值滤波方法。与传统中值滤波不同，自适应中值滤波器在进行滤波处理时会自动根据某些条件改变滑动窗口 s_{xy} 的大小尺寸。对其总结算法如下：

设 z_{min} 为 s_{xy} 中的灰度最小值，z_{max} 为 s_{xy} 中的灰度最大值，z_{med} 为 s_{xy} 中的灰度的中值，z_{xy} 为像素点（x, y）的灰度值，m 为中值滤波窗口尺寸，s_{max} 为自适应滤波所允许的最大滑动窗口尺寸，则自适应中值滤波算法流程如图 5.3 所示：

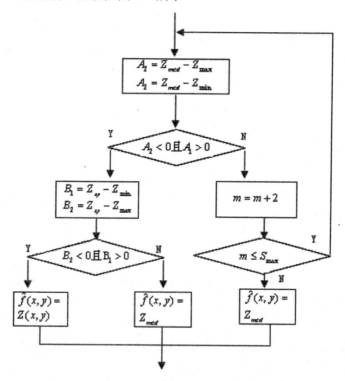

图 5.3   自适应中值滤波算法流程图

本算法根据检测 z_{xy} 和 z_{med} 是否是脉冲噪声点自适应改变滤波窗口的大小，从而避免了传统中值滤波对所有像素点都用中值代替的缺点，有效地减少了图像不必要的细节损失。

（2）可视化中值滤波图形界面实现

数字图像处理过程可视化是图像处理技术的一个发展趋势，使用 MATLAB 自身携带的图形界面开发环境 GUIDE（简称 GUI），设计图形用户界面，然后通过自己编写函数代码作为界面控件的回调函数，实现上面所述两种中值滤波。其用户操作界面如图 5.4 所示：

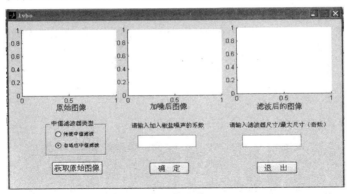

图 5.4　用户操作界面

使用该用户界面的获取原始图像命令按钮将一幅原始图像显示在坐标轴 1 上，然后在加入椒盐噪声系数编辑框中输入一小于 1 的正数，单击确定按钮，加噪声后的图像将在坐标轴 2 上显示，接下来确定中值滤波窗口的尺寸，应为大于等于 3 的奇数，然后选择中值滤波的类型，滤波后的图像将在坐标轴 3 上显示。其演示效果如图 5.5 所示：

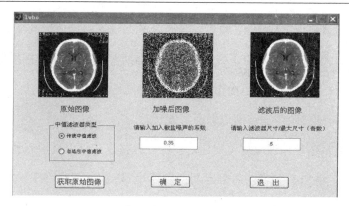

图 5.5　操作执行效果

（3）仿真实验

选取一幅医学 CT 图像，对其加入 35% 的脉冲噪声，然后使用该系统分别对加噪后的图像采用传统中值滤波和自适应中值滤波进行滤波重建。中值滤波窗口 s_{xy} 和自适应滤波所允许的最大值分别为 3、5、7，两种滤波后的仿真实验结果如图 5.6 所示：

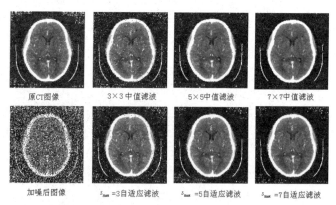

图 5.6　CT 图像中值滤波和自适应中值滤波效果图

通过图像滤波后的实验结果可以看出，使用本部分所述的两种滤波方式均能够达到较好的滤波效果。当滤波窗口增大后，中值滤波后的图像会逐渐变得模糊，并使得图像边缘的一些细节信息丢失，产生一定的失真，而使用自适应中值滤波能够较好地保留一些图像边缘信息，减少失真程度，能达到比中值滤波好的滤波效果。

本部分内容总结和实现了传统中值滤波和自适应中值滤波的算法，并使用 MATLAB 图形界面开发环境 GUIDE 设计并开发了一个能实现图像中值滤波的用户界面。通过该系统界面进行了中值滤波和自适应中值滤波的仿真实验，达到了较好的实验效果。

5.3　锐化空间滤波

在图像识别中，需要有边缘鲜明的图像，即图像锐化。图像锐化的目的是为了突出图像的边缘信息，加强图像的轮廓特征，以便于人眼的观察和机器的识别。因此，从增强的目的看，它是与图像平滑相反的一类处理。

锐化处理的主要目的是突出灰度的过渡部分。图像锐化的用途多种多样，应用范围从电子印刷和医学成像，到工业检测和军事系统的制导等。

图像中对象的边缘像素都是两个变化较大的地方，而边缘模糊、线条不均是减少了边缘亮度差异的缘故。从数学观点来看，检查图像某区域内灰度的变化是微分的概念，因此可以通过微分的方法进行图像的锐化。图像微分增强边缘和其他突变（如噪声），而削弱灰度变化缓慢的区域。根据微分方法是否线性，可将锐化分为线性锐化和非线性锐化两类。

5.3.1 线性锐化滤波

线性高通滤波器是最常用的线性锐化滤波器，这种滤波器的中心系数都是正的，而周围的系数都是负的。对 3×3 的模板来说，典型的系数取值是：

$$[0 \quad -1 \quad 0; \quad -1 \quad 4 \quad -1; \quad 0 \quad -1 \quad 0]$$

事实上这是拉普拉斯算子。它是二维函数二阶微分的实现及其在图像锐化处理中的应用。这种方法基本上是由定义一个二阶微分的离散公式，然后构造一个基于该公式的滤波器模板组成的。我们最关注的是一种各向同性滤波器，这种滤波器的响应与滤波器作用的图像的突变方向无关。也就是说，各向同性滤波器是旋转不变的，即将原图像旋转后进行滤波处理给出的结果与先对图像滤波然后再旋转的结果相同。可以证明，最简单的各向同性微分算子是拉普拉斯算子。一个二维图像函数 $f(x, y)$ 的拉普拉斯算子定义为

$$\nabla^2 f = \frac{\partial^2 f}{\partial x^2} + \frac{\partial^2 f}{\partial y^2} \tag{5.3-1}$$

因为任意阶微分都是线性操作，所以拉普拉斯变换也是一个线性算子。为了以离散形式描述这一公式，我们使用二阶微分定义的差分形式。在 x 方向上，我们有

$$\frac{\partial^2 f}{\partial x^2} = f(x+1,y) + f(x-1,y) - 2f(x,y) \tag{5.3-2}$$

类似地，在 y 方向上有

$$\frac{\partial^2 f}{\partial y^2} = f(x,y+1) + f(x,y-1) - 2f(x,y) \tag{5.3-3}$$

所以，遵循这三个公式，两个变量的离散拉普拉斯算子是

$$\nabla^2 f(x,y) = f(x+1,y) + f(x-1,y) + f(x,y+1) + f(x,y-1) - 4f(x,y)$$

$$\tag{5.3-4}$$

这个公式可以用图 5.7（a）的滤波模板来实现，该图给出了以 $90°$ 为增量进行旋转的一个各向同性结果。实现机理与 5.2.1 节中给出的线性平滑滤波器一样，我们这里只是简单地使用了不同的系数。

对角线方向也可以这样组成：在数字拉普拉斯变换的定义中，在式（5.3-4）中添入两项，即两个对角线方向各加一个。每个新

添加项的形式与式（5.3-2）或式（5.3-3）类似，只是其坐标轴的方向沿着对角线方向。由于每个对角线方向上的项还包含一个 $-2f(x,y)$，所以现在从不同方向的项中总共应减去 $-8f(x,y)$。

图5.7（b）显示了执行这一新定义的模板。这种模板对，45°增幅的结果是各向同性的。在实践中经常可能见到图5.7（c）和图5.7°（d）所示的拉普拉斯模板。它们是由我们在式（5.3-2）和式（5.3-3）中用过的二阶微分的定义得到的，只是其中的1是负的。正因为如此，它们产生了等效的结果，但是，当将拉普拉斯滤波后的图像与其他图像合并（相加或相减）时，必须考虑符号上的差别。

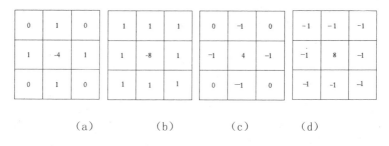

（a）　　　　　（b）　　　　　（c）　　　　　（d）

图5.7　四种不同的模板

其中，图（a）实现式（5.3-6）所用的滤波器模板，

图（b）用于实现带有对角项的该公式的扩展模板，

图（c）和图（d）为实践中常用的其他两个拉普拉斯实现。

由于拉普拉斯是一种微分算子，因此其应用强调的是图像中灰度的突变，并不强调灰度级缓慢变化的区域，这将产生把浅灰色边线和突变叠加到暗色背景中的图像。将原图像和拉普拉斯图像叠加在一起的简单方法，可以复原背景特性并保持拉普拉斯锐化处理的效果。如果所使用的定义具有负的中心系数，那么必须将原图像减去经拉普拉斯变换后的图像而不是加上它，从而得到锐化结果。所以，我们使用拉普拉斯对图像增强的基本方法可以表示为下式：

$$g(x,y) = f(x,y) + c\left[\nabla^2 f(x,y)\right] \qquad (5.3\text{-}5)$$

其中，$f(x,y)$ 和 $g(x,y)$ 分别是输入图像和锐化后的图像。如果使用图 5.7（a）或图 5.7（b）中的拉普拉斯滤波器，则常数 $c=-1$；如果使用另外两种滤波器，则常数 $c=1$。

在 MATLAB 中可通过调用 filter2 函数和 fspecial 函数来实现。

5.3.2　非线性锐化滤波

对图像进行非线性锐化滤波处理，主要是通过使用一阶微分对图像锐化，而一阶微分是用梯度幅值来实现的。对一幅图像施加梯度模算子，可以增强灰度变化的幅度。因此，我们可以采用梯度模算子作为图像的锐化算子。此方法也是最常用的非线性锐化滤波方法，而且由数学知识我们知道梯度模算子具有方向同性和位移不变性，这正是我们所希望的。

对于函数 $f(x, y)$，f 在坐标 (x, y) 处的梯度定义为二维列向量

$$\nabla f \equiv \text{grad}(f) \equiv \begin{bmatrix} g_x \\ g_y \end{bmatrix} = \begin{bmatrix} \dfrac{\partial f}{\partial x} \\ \dfrac{\partial f}{\partial y} \end{bmatrix} \qquad (5.3\text{-}6)$$

该向量具有重要的几何特性，即它指出了在位置 (x, y) 处的 f 的最大变化率的方向。

向量 ∇f 的幅度值（长度）表示为 $M(x, y)$，即

$$M(x, y) = \text{mag}(\nabla f) = \sqrt{g_x^2 + g_y^2} \qquad (5.3\text{-}7)$$

它是梯度向量方向变化率在 (x, y) 处的值。注意，$M(x, y)$ 是与原图像大小相同的图像，它是当 x 和 y 允许在 f 中的所有像素位置变化时产生的。在实践中，该图像通常称为梯度图像。

因为梯度向量的分量是微分，所以它们是线性算子。然而，该向量的幅度不是线性算子，因为求幅度是做平方和平方根操作。另一方面，式（5.3-6）中的偏微分不是旋转不变的（各向同性），而梯度向量的幅度是旋转不变的。在某些实现中，用绝对值来近似平

方和平方根操作更适合计算：

$$M(x,y) = |g_x| + |g_y| \qquad (5.3\text{-}8)$$

该表达式仍保留了灰度的相对变化，但是通常各向同性特性丢失了。然而，像拉普拉斯的情况那样，离散梯度的各向同性仅仅在有限旋转增量的情况下被保留了，它依赖于所用的近似微分的滤波器模板。正如结果那样，用于近似梯度的最常用模板在 90°的倍数时是各向同性的。这些结果与我们使用式(5.3-7)还是使用式(5.3-8)无关，因此，如果我们选择这样做，使用后一公式对结果并无影响。

正如在拉普拉斯情况下那样，我们现在对前面的公式定义一个离散近似，并由此形成合适的滤波模板。为简化下面的讨论，我们将使用图 5.8（a）中的符号来表示一个 3×3 区域内图像点的灰度。例如，使用图 5.1 中引入的符号，令中心点 z_5 表示任意位置 (x,y) 处 $f(x,y)$，z_1 表示为 $f(x-1, y-1)$，等等。满足对一阶微分的最简近似是 $g_x = (z_8 - z_5)$ 和 $g_y = (z_6 - z_5)$。在早期数字图像处理的研究中，由 Roberts 提出的其他两个定义使用交叉差分：

$$g_x = (z_9 - z_5) \text{ 和 } g_y = (z_8 - z_6) \qquad (5.3\text{-}9)$$

如果我们使用式（5.3-7）和式（5.3-9），计算梯度图像为

$$M(x, y) = \left[\ (z_9 - z_5)^2 + (z_8 - z_6)^2\ \right]^{1/2} \tag{5.3-10}$$

如果我们使用式（5.3-8）和式（5.3-9），则

$$M(x, y) = |z_9 - z_5| + |z_8 - z_6| \tag{5.3-11}$$

按之前的描述方式，很容易理解 x 和 y 会随图像的维数变化。式（5.3-9）中所需的偏微分项可以用图 5.8（b）中的两个线性滤波器模板来实现，这些模板称为罗伯特交叉梯度算子。

偶数尺寸的模板很难实现，因为它们没有对称中心。我们感兴趣的最小模板是 3×3 模板。使用以 z_5 为中心的一个 3×3 邻域对 g_x 和 g_y 的近似如下式所示：

$$g_x = \frac{\partial f}{\partial x} = (z_7 + 2z_8 + z_9) - (z_1 + 2z_2 + z_3) \tag{5.3-12}$$

和

$$g_y = \frac{\partial f}{\partial y} = (z_3 + 2z_6 + z_9) - (z_1 + 2z_4 + z_7) \tag{5.3-13}$$

这两个公式可以使用图 5.8（d）和图 5.8（e）中的模板来实现。使用图 5.8（d）中的模板实现的 3×3 图像区域的第三行和第一行的差近似 x 方向的偏微分，另一个模板中的第三列和第一列的差近似了方向的微分。用这些模板计算偏微分之后，我们就得到了之前

所说的梯度幅值。例如，将 g_x 和 g_y 代入式（5.3-8）得到

$$M(x,y) = \left|(z_7 + 2z_8 + z_9) - (z_1 + 2z_2 + z_3)\right| + \left|(z_3 + 2z_6 + z_9) - (z_1 + 2z_4 + z_7)\right|$$

$$(5.3\text{-}14)$$

图 5.8（d）和图 5.8（e）中的模板称为 Soble 算子。中心系数使用权重 2 是通过突出中心点的作用而达到平滑的目的。注意，图 5.8 所示的所有模板中的系数总和为 0，这正如微分算子的期望值那样，表明灰度恒定区域的响应为 0。

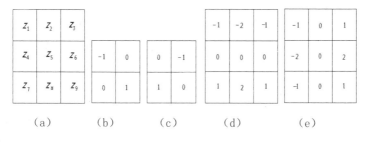

(a)　　　(b)　　　(c)　　　(d)　　　(e)

图 5.8　几种不同的滤波器模板

其中，图（a）是一幅图像的 3×3 区域（z 是灰度值），

图（b）～图（c）罗伯特交叉梯度算子，

图（d）～图（e）所有的模板系数之和为零，如微分算子预料的那样。

正如之前提到的那样，g_x 和 g_y 的计算是线性操作，因为它们涉及微分操作，因此可以使用图 5.4 中的空间模板，如乘积求和那样实现。使用梯度进行非线性锐化是包括平方和平方根的 $M(x,y)$ 的计

算，或者使用绝对值计算代替，所有这些计算都是非线性操作。该操作是在得到 g_x 和 g_y 线性操作后执行的操作。

附记：本章内容主要引自文献[2]、文献[3]和文献[4]。

参考文献

[1] Rafael C.Gonzalez 等. 数字图像处理（MATLAB 版）[M]. 阮秋琦等译. 北京：电子工业出版社，2005.

[2] 张红梅,张智高. 基于MATLAB 的图像处理系统的设计与实现[J]. 内蒙古民族大学学报：自然科学版，2009，24(2)：151-153.

[3] 张智高,张红梅. 基于MATLAB GUI 实现数字图像中值滤波[J]. 内蒙古民族大学学报：自然科学版，2013，3.

[4] Zhang Zhigao, Zhang Hongmei, Pei Zhili. A Study on Median Filter in Digital Images Based on MALTAB GUI [J].ESAC2015, 2015, 8.

[5] 宁玉春，赵春华. 自适应中值滤波算法滤除医学图像脉冲噪声[J].计算机工程与应用，2012，48(24)：153-156.

[6] 周华.基于动态窗口的自适应中值滤波算法[J].计算机应用于软件，2011，28(7)：141-143.

第 6 章　数字图像压缩与加密技术

6.1　数字图像压缩编码技术

6.1.1　基于 DCT 图像压缩理论算法

随着通讯与信息技术的发展突飞猛进，数字信息呈爆炸式增长。在这个过程中，数据压缩技术在人们的生活、工作与科研中扮演着必不可少的重要角色。作为数据压缩领域的一个重要分支，离散余弦变换（DCT）被埋论上认为是一种很好的方法。本文正是基于 DCT 来研究数据压缩领域中的一个小的分支——图像压缩。图像压缩编码技术是现代多媒体及通信领域中的关键技术之一。离散余弦变换(DCT)由于其较好的能量压缩特性和快速算法，被广泛地应用在图像压缩等领域。近年来，基于 DCT 变换分析、处理操作的研究十分活跃，特别是国际静态图像压缩标准 JPEG 和动态图像压缩标准 MPEG 中都采用了 DCT 变换，更加推动了这一领域的发展。因此，基于 DCT 变换的图像编码压缩技术也同步发展起来。本节详细介绍 DCT 的核心编码，并使用 MATLAB 语言实现基于 DCT 的图像压缩。

（1）DCT 简介

离散余弦变换（DCT, Discrete Cosine Transform），1974 年由 Ahmed 和 Rao 提出，至今已有 40 多年历史。此间，DCT 编码已发展成为 BMP、MPEG、H.26x 等图像/图像编码标准中的核心。DCT 是一种空间变换，DCT 变换的最大特点是对于一般的图像都能够将像块的能量集中于少数低频 DCT 系数上，这样就可能只编码和传输少数系数而不严重影响图像质量。DCT 不能直接对图像产生压缩作用，但对图像的能量具有很好的集中效果，为压缩打下了基础。例如，一幅图像内容以不同的亮度和色度像素分布体现出来，而这些像素的分布依图像内容而变，毫无规律可言。但是通过离散余弦变换（DCT），像素分布就有了规律。代表低频成分的量分布于左上角，而越高频率成分越向右下角分布。根据人眼视觉特性，去掉一些不影响图像基本内容的细节(高频分量)，从而达到压缩码率的目的。

（2）离散余弦变换的一些概念

①一维离散余弦正反变换。

正变换：

$$F(k) = 2\sum_{n=0} f(n)\cos\frac{\pi(2n+1)k}{2N} \qquad n,k = 0,1,2\cdots N-1$$

反变换：

$$f(n) = \frac{1}{N}\sum_{n=0}^{N-1} F(k)\cos\frac{\pi(2n+1)k}{2N} \qquad n,k = 0,1,2\cdots N-1$$

②二维离散余弦正反变换。

正变换：

$$F(u,v) = c(u)c(v)\sum_{x=0}^{M-1}\sum_{y=0}^{N-1} f(x,y)\cos\frac{\pi(2x+1)u}{2M}\cos\frac{\pi(2y+1)v}{2N}$$

其中：$u = 0,1,\cdots M-1; \qquad v = 0,1,\cdots M-1$

$$c(u) = \begin{cases} \sqrt{1/M} & u = 0 \\ \sqrt{2/M} & u = 1,2,\cdots M-1 \end{cases}$$

$$c(v) = \begin{cases} \sqrt{1/N} & u = 0 \\ \sqrt{2/N} & u = 1,2,\cdots N-1 \end{cases}$$

反变换：

$$f(x,y) = \sum_{x=0}^{M-1}\sum_{y=0}^{N-1} c(u)c(v)f(u,v)\cos\frac{\pi(2x+1)u}{2M}\cos\frac{\pi(2y+1)v}{2N}$$

③二维离散余弦变换简化。

在二维离散余弦变换中，x, y 为空间采样值，通常数字图像用像素方阵表示，即在 $M=N$ 情况下，二维离散余弦的正反变换可以简化为

$$f(u,v) = \frac{2}{N}\sum_{x=0}^{M-1}\sum_{y=0}^{N-1} c(u)c(v)f(x,y)\cos\frac{\pi(2x+1)u}{2M}\cos\frac{\pi(2y+1)v}{2N}$$

其中：

$$c(u)c(v) = \begin{cases} 1/\sqrt{2} & u = 0\text{或}v = 0 \\ 1 & u,v = 1,2,\cdots N-1 \end{cases}$$

在 MATLAB 中，$c(u)c(v)\cos\dfrac{\pi(2x+1)u}{2M}\cos\dfrac{\pi(2y+1)v}{2N}$ 称为离散余弦变换的基础函数，这样 DCT 的系数可以看作是每一个基础函数的加权。

6.1.2 DCT 的图像压缩编码

（1）DCT 编码

任何连续的实对称函数的傅里叶变换中只含余弦项，因此，余弦变换与傅里叶变换一样有明确的物理量意义。DCT 是先将整体图

像分成 $N \times N$ 像素块，然后对 $N \times N$ 像素块逐一进行 DCT 变换。由于大多数图像的高频分量较小，相应于图像高频成分的系数经常为零，加上人眼对高频成分的失真不太敏感，所以可用更粗的量化，因此传送变换系数所用的数码率要大大小于传送图像像素所用的数码率。到达接收端后再通过反离散余弦变换回到样值，虽然会有一定的失真，但人眼是可以接受的。

一幅原始输入图像经 DCT 产生的输出矩阵有个特点：随着元素离 DCT 系数越来越远，它的模就倾向于越来越小。这意味着通过 DCT 来处理数据，已将图像的表示集中到输出矩阵的左上角的系数，而矩阵的右下部分系数几乎不包含有用信息。总之，DCT 是先将整体图像分成 $N \times N$ 像素块，然后对 $N \times N$ 像素块逐一进行 DCT 变换。N 代表像素数，一般 $N=8$，8×8 的二维数据块经 DCT 后变成 8×8 个变换系数，这些系数都有明确的物理意义：U 代表水平像素号，V 代表垂直像素号。如当 $U=0$，$V=0$ 时，$F(0, 0)$ 是原 64 个样本值的平均，相当于直流分量，随着 U、V 值增加，相应系数分别代表逐步增加的水平空间频率分量和垂直空间频率分量的大小。

（2）系数量化

所谓量化，就是把经过抽样得到的瞬时值幅度离散，即用一组规定的电平，把瞬时抽样值用最接近的电平值来表示。量化时，把整个幅度划分为几个量化级（量化数据位数），把落入同一级的样本值归为一类，并给定一个量化值。量化级数越多，量化误差就越小，声音质量就越好。

在图像量化的过程中，先将图像从实域变换到频域，当不同频率对应着不同的系数时，把不同的系数按照一定的量化级取整变小，得到的新频域图像就是经过压缩的图像的频域显示。量化的作用是在一定的主观保真图像质量的前提下，丢掉那些对视觉影响不大的信息，以获得较高的压缩比。然而，量化也是致使图像质量下降的最主要原因。这里使用量化矩阵来实现量化。对于 DCT 输出矩阵中每一个元素，量化矩阵中的同一位置都有一个相应的量化值，范围是 0～255。量化公式如下：

$$Q(u,v) = \text{IntegerRound}(F(u,v)/S(u,v))$$

式中，$Q(u,v)$ 为量化的系数幅度，$S(u,v)$ 为量化步长，它是量化表的元素，通常随 DCT 系数的位置和彩色分量的不同而取不同的值，量化表的尺寸为 8×8 与 64 个 DCT 系数一一对应。

6.1.3 MATLAB 实现 DCT 图像压缩

利用离散余弦变换（DCT）进行图像压缩，首先要将输入的图像分解成 8×8 的块，然后对每个块进行二维离散变换，最后将变

换得到的 DCT 系数进行编码和传送，解码时对每个块进行二维 DCT
反变换，最后再将反变换后的块组成一幅图像。对于通常的图像
来说，大多数的 DCT 系数的值都非常接近于 0，如果舍弃这些接近
于 0 的值，在重构图像时并不会带来图像画面质量的显著下降。所
以，利用 DCT 进行图像压缩可以节约大量的存储空间。压缩应该在
最合理的近似元图像的情况下使用最少的系数。按照以上的方法，
将一幅图像分成 8×8 的块进行压缩，其实现方法如下：

I=imread（'\lena.bmp'）；

I=double（I）/ 255；

T=dctmtx(8)；

B=blkproc（I,[8 8],'P1*X*P2',T,T'）；

Mask=[1 1 1 1 0 0 0 0

　　　1 1 1 0 0 0 0 0

　　　1 1 0 0 0 0 0 0

　　　1 0 0 0 0 0 0 0

　　　0 0 0 0 0 0 0 0

　　　0 0 0 0 0 0 0 0

　　　0 0 0 0 0 0 0 0

　　　0 0 0 0 0 0 0 0]；

```
B2=blkproc(B,[8 8],'P1.*X',mask);

I2=blkproc(B2,[8 8],'P1*X*P2',T',T);

Figure ;

subplot(2,1,1),imshow( I ) ;

subplot(2,1,2),imshow( I2 ) ;
```

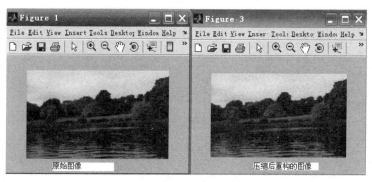

图 6.1　DCT 压缩前后对比图

通过对比可以看出，经过 DCT 压缩后，图像的绝大部分能量都得到了很好的保留，所以重构图像的时候才能保证重构以后的图像有很少的失真。

6.2　数字图像的加密技术

随着网络信息的蓬勃发展，因特网成为当今世界日常生活中不可缺少的沟通方式，带给了人们很多的便利；但是免费的网络条件也给数据信息的可靠发送带来了隐患，特别是图像，其所涉及内容众多，包括个人隐私、商业机密等，防止图像信息泄露已成为当今网络安全中的研究焦点。对此，诸多学者进行了深入研究，设计了诸多图像加密算法。如盛苏英等人设计了基于耦合映像格子的混沌图像加密算法研究，实验结果显示算法具有良好的加密性能。蒋君莉等人提出了基于超混沌序列的 Feistel 结构的图像加密算法，并测试了其算法性能，结果表明该算法高度安全、密钥敏感性强。Mao 等人设计了实时安全匀称加密机制，并对其算法进行了仿真验证，仿真结果表明该算法具有较好的加密效果，密钥空间巨大，增强了加密系统的抗攻击性能。

尽管上述图像加密算法能够有效保护图像传输安全，然而这些算法只能对单个图像进行加密，无法对多图像同步加密，难以满足实际工程的需求。

为此，研究人员开发了多图像加密算法。多图像加密算法在国内研究得较少，主要是采取压缩思想。如张文全等人提出了基于非对称密码系统的多图像加密算法，测试了其算法的安全性能，结果显示其算法可实现多图像同步加密，且安全性较高。郭雨等人提出了基于复用技术和数论的图像同步压缩加密算法，并利用实验测试其算法相关性能，实验结果表明其算法高度安全。罗贤哲等人引入频谱切割，结合 DCT 变换，对多图像同时加密，取得了良好的加密效果，仿真结果验证了其算法的可行性。

但是上述多图像加密算法都是通过将多图像压缩成复合图像，在进行压缩时，容易出现串扰效应，使得解密质量较差，失真现象严重。

为了解决上述问题，本节所提到的加密算法绕开压缩思想，设计图像复数模型，将多个明文以复数形式叠加成复合图像，提出了基于迭代复数模型的多图像无损加密算法研究。最后利用仿真实验，测试了本节机制。

6.2.1 多图像加密算法设计

多图像加密算法示意图见图 6.2。从图中可知，本书算法是包括了三个阶段：明文矩阵形成阶段；复合图像置乱阶段；双重加密阶段。通过迭代图像复数模型，将多个图像以复数形式叠加成一个复数矩阵，有效避免了压缩机制的不足，有效消除了失真现象。根据混沌掩码与 $FrFT$ (Fractional Fourier Transform) 函数对复合图像进行扩散，使密文获得良好的混乱性能；并保证了解密质量，显著提高算法的安全性。

①若 N 个初始明文为 $I_1, I_2, I_3 \cdots I_N$，本书引入 DCT (Discrete Cosine Transform) 与 ZigZag 机制，将 $I_1, I_2, I_3 \cdots I_N$ 演变为明文矩

阵 $M_1, M_2, M_3 \cdots M_N$。具体步骤如下：

（a）$I_1, I_2, I_3 \cdots I_N$ 经 DCT 变换后，将图像演变为系数矩阵。对每个明文进行 $n \times n$ 分块，利用 DCT 模型，将 $I_1, I_2, I_3 \cdots I_N$ 转换成明文矩阵 $M_1, M_2, M_3 \cdots M_N$。DCT 模型如下：

$$C(u,v) = S(u)S(v)\sqrt{\frac{2}{LH}}\sum_{x=0}^{M-1}\sum_{y=0}^{N-1}f(x,y)\cos\left[\frac{\pi}{L}u\left(x+\frac{1}{2}\right)\right]\cos\left[\frac{\pi}{H}v\left(y+\frac{1}{2}\right)\right]$$

$$（6.2-1）$$

其中，$C(u,v)$ 为变 DCT 函数；x,y 为图像 $f(x,y)$ 的像素坐标；$L \times H$ 代表图像尺寸；u,v 代表 $F(u,v)$ 的数据坐标值；$\cos(A)$ 代表余弦变换；$S(u), S(v)$ 均代表 $C(u,v)$ 的核变换：

$$S(u) = \begin{cases} \sqrt{\dfrac{1}{2}} & u=0 \\ 1 & 1 \le u \le L-1 \end{cases} \quad ; \quad S(v) = \begin{cases} \sqrt{\dfrac{1}{2}} & v=0 \\ 1 & 1 \le v \le H-1 \end{cases} \qquad （6.2-2）$$

（b）2D 图像经 $n \times n$ 分块后，借助模型（6.2-1），可获取 DCT 变换域中的 DCT 系数矩阵（包括低频与高频部分）。例如，以两个 4×4 分块的 2D 灰度图像为例，见图 6.3；经过模型（6.2-1）处理后，可获取 4×4 的系数矩阵，见表 6.1、表 6.2。

（c）再引入 ZigZag 技术，对明文矩阵 $M_1, M_2, M_3 \cdots M_N$ 进行扫

描。按照图 6.4 所示的扫描轨迹形成 1D 矩阵 $f_1, f_2, f_3 \cdots f_N$。

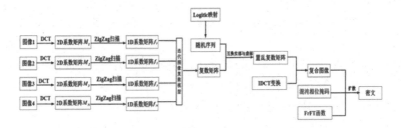

图 6.2　多图像加密示意图

（a）明文 1　　　　　　（b）明文 2

图 6.3　2D 明文灰度图像

表 6.1　DCT 变换后的 4×4 系数矩阵

514.16	-419.02	-55.34	75.97
26.32	69.05	18.22	26.70
2.66	-2.51	-6.89	1.57
6.21	1.74	1.34	1.67

表 6.2　DCT 变换后的 4×4 系数矩阵

672.04	−525.91	−61.72	58.07
105.31	89.79	26.74	22.36
3.69	−4.98	−8.50	1.29
3.18	1.12	1.67	1.90

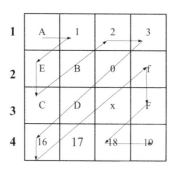

(a)扫描示意图

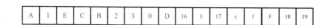

（b）扫描后变成 64 个元素的 1D 矩阵

图 6.4　ZigZag 扫描示意图

②根据图像 $I_1, I_2, I_3 \ldots I_N$ 及得到的明文矩阵 $f_1, f_2, f_3 \ldots f_N$，设计如下迭代图像数学模型：

$$A_1 = f_1 + f_2 j \qquad (6.2\text{-}3)$$

$$A_2 = A_1 + f_3 j \qquad (6.2\text{-}4)$$

………

$$A_{N-1} = A_{N-2} + f_N j \qquad (6.2\text{-}5)$$

其中，A_i 代表复数矩阵，f_i 代表明文矩阵，$j = \sqrt{-1}$ 代表复数参量。

③引入 Logistic 映射，获取随机序列 $x = (x_1, x_2, \ldots x_n)$。Logistic 模型如下：

$$x_{j+1} = \mu x_j (1 - x_j), j = 1, \ 2, \ 3 \cdots\cdots \qquad (6.2\text{-}6)$$

其中，$\mu \in [0,4]$ 为系统参量。

④基于 $x = (x_1, x_2, \cdots x_n)$，扰乱 A_{N-2}，f_N 的位置：

$$A_{N-1} = \begin{cases} A_{N-2} + f_N j & x \in (0,0.5) \\ f_N + A_{N-2} j & x \in (0.5,1) \end{cases} \qquad (6.2\text{-}7)$$

⑤再利用 IDCT 函数，将复合矩阵 A_{N-1} 转变成一个复合图像 I_A，见图 6.5。IDCT 函数如下：

$$f(x,y) = S(u)S(v)\sqrt{\frac{2}{LH}} \sum_{x=0}^{M-1} \sum_{y=0}^{N-1} C(u,v) \ \cos\left[\frac{\pi}{L}u\left(x+\frac{1}{2}\right)\right] \ \cos\left[\frac{\pi}{H}v\left(y+\frac{1}{2}\right)\right]$$

$$(6.2\text{-}8)$$

其中，所有参数的物理意义与模型（6.2-1）相同。

图 6.5　明文 1 与明文 2 以复数叠加形式得到的复合图像

⑥输入初始值 x_0，迭代模型（6.2-6），产生混沌相位掩码 CPRM_1，见图 6.6；再结合 FrFT（Fractional Fourier Transform）变换，形成正则函数 LCT：

$$\text{LCT} = \int_{-\infty}^{+\infty} f(x,y)\lambda \quad \exp\big[i\pi\text{CPRM}_1(x,y)\big]dx \qquad (6.2\text{-}9)$$

其中，$f(x,y)$ 代表复合图像 I_A，λ 代表复杂常量，$\text{CPRM}_1(x,y)$ 代表混沌相位掩码。

图 6.6　混沌相位掩码（$x_0 = 0.65$）

⑦联合混沌掩码与 LCT，构造双重加密函数，对复合图像 I_A 进行扩散，输出密文 I'。加密函数如下：

$$I' = \text{LCT} = \left[I_A \exp(i\pi(\text{CPRM}_1)) \right] \qquad (6.2\text{-}10)$$

其中，I' 为密文，I_A 代表复合图像，LCT 为正则函数。

6.2.2 仿真结果与分析

在 MATLAB 平台上对本节多图像无损加密算法及其他几种最新的算法进行测试。仿真条件为：戴尔 2.5Hz，双核 CPU，8GB 的内存，运行系统 Windows XP 。所设立的对照均为采用了压缩思想的多图像加密算法。其中，Logistic 映射初值 x_0 =0.65，μ =2.5，λ =4。

（1）加密质量分析

输入 4 个尺寸为 227×227 的明文，见图 6.7（a）～图 6.7（b）。经算法加密后，其结果见如图 6.7（e）～图 6.7（f）。从图中可知，经该加密算法处理后，图像的信息得到了充分混淆与扩散，没有任何信息泄露。这显示本节算法具备较高的安全性。

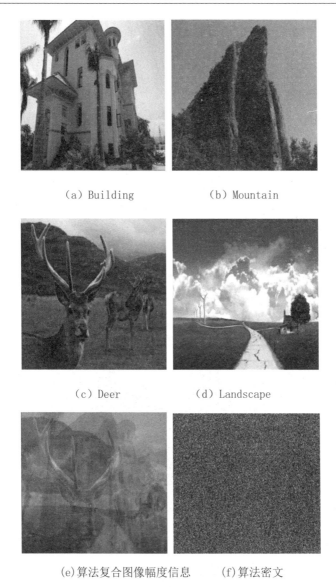

（a）Building　　　　（b）Mountain

（c）Deer　　　　（d）Landscape

（e）算法复合图像幅度信息　　　（f）算法密文

图 6.7　多图像加密效果测试结果

（2）复合直方图分析

图 6.8 为复合图像直方图测试结果。从图 6.8(a)可知，4 幅图的像素点分布不均匀，波动范围很大，这表明其伪随机性不高，易被攻击；而经过本节加密算法扩散后的灰度直方图发生了质化，如图 6.8（b）和图 6.8（c)所示，像素点分布非常均匀，拥有较高的图像冗余性与伪随机性。

为了更清晰表达图 6.8（b），本节对图 6.8（b）进行单取直方图处理，见图 6.8（c）。从图中可以看到，复合密文中的 4 个密文的像素点分布都是比较均匀，波动幅度较少。

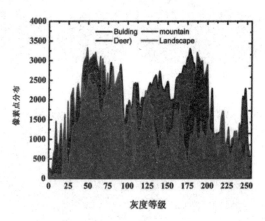

(a)初始复合图像的直方图

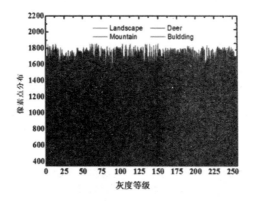

(b)密文直方图

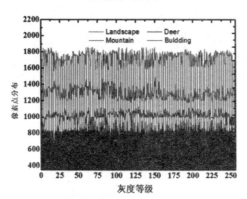

(c)对图(b)单取直方图结果

图 6.8 复合直方图测试结果

（3）雪崩效应分析

高度安全的加密算法应满足严格的"雪崩效应"。当密钥发生微小波动时，所产生的密文是截然不同的。本部分内容测试了 Logistic 映射 x_0 的敏感度。利用扰动因子 $\delta = 10^{-16}$ 来改变 x_0，即 $(x_0 - \delta)$

与 $(x_0+\delta)$。研究其解密效果,并测试了 x_0 的均方差 MSE(mean square error)曲线。仿真结果见图 6.9。从图 6.9(a)与图 6.9(b)可知,当 y_0 发生极其微小变动时,无法对密文进行解密,而正确密钥得到的复合图像,清晰可见 6.9(c)~6.9(g),且其 MSE 曲线波动剧烈,见图 6.9(h)。这显示了本文算法满足严格的雪崩准则。

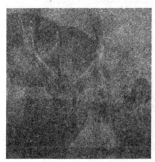 

(a)$(x_0-\delta)$ 的解密图像　(b)$(x_0+\delta)$ 的解密图像

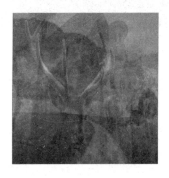

(c)正确密钥的解密图像

（d）算法复合图像中的 Build （e）算法复合图像中的 Mountain

（f）算法复合图像中的 Deer （g）算法复合图像中的 Landscape

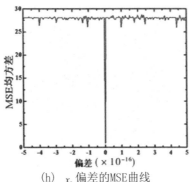

（h） x_0 偏差的MSE曲线

图6.9 算法敏感度测试结果

（4）解密效果对比分析

通过分析不同加密算法的解密质量来体现算法的消除失真性能。仿真结果如图6.10所示。从图中可知，从视觉上看，三种不同的加密算法的解密质量都可接受，但本节算法得到的解密质量最佳，图像细节清晰可见，无块效应与串扰效应，几乎不存在失真。而A算法的块效应比较严重，见图6.10(c)、图6.10(d)中箭头所指，同时存在轻微的串扰效应，见图6.10(b)、图6.10(e)；B加密算法的串扰效应比较严重，解密图像存在一定的模糊现象，见图6.10(g)、图6.10(i)、图6.10(j)。这主要是由于A、B算法是采取压缩思想，且B算法采用了频谱切割机制，当加密图像越多时，失去的图像信息也越多，使其解密质量最差；而本文算法设计了迭代复数模型，以叠加方式形成复合图像，彻底避开了压缩思想，继而有效解决了串扰效应与块效应问题，见图6.9(c)～6.9(g)。

（a）A算法对应的解密复合图像

（b）A 算法复合图像中的 Build　（c）A 算法复合图像中的 Mountain

（d）A 算法复合图像中的 Deer　　（e）A 算法复合图像中的 Landscape

（f）B 算法对应的解密复合图像

（g）B 算法复合图像中的 Build　　（h）B 算法复合图像中的 Mountain

（i）B 算法复合图像中的 Deer　　（j）B 算法复合图像中的 Landscape

图6.10　各算法的解密质量对比测试结果

本节设计了一种全新的多图像无损加密算法。避开压缩思想，设计迭代图像复数模型，将多个明文以复数形式叠加成复合图像，提出了基于迭代复数模型的多图像无损加密算法研究。通过提取复数矩阵的实部与虚部，即可得到解密图像，彻底消除了失真现象。仿真结果表明：本节加密算法高度安全；满足严格的雪崩准则；密文解密质量优异，不存在失真。

附记：本章内容主要引自文献[1]、文献[2]和文献[4]。

参考文献

[1] 张智高，春花，张红梅.离散余弦变换在图像压缩上的应用[J].内蒙古民族大学学报：自然科学版，2010，3.

[2] Zhang Hongmei, Zhang Zhigao, Pei Zhili. Application of Image Compression Based on Discrete Cosine Transform [J].LEMCS2015, 2015, 8.

[3] 吴乐南.数据压缩[M].北京：电子工业出版社，2005，2.

[4] 张红梅，张智高，裴志利.基于迭代复数模型的多图像无损同步加密算法研究[J].科学技术与工程，2014，9.

[5] 柴秀丽，李伟，史春晓.基于超混沌系统的彩色图像加密算法[J].传感器与微系统，2013，32(8):131-134.

[6] 蒋君莉，张雪锋.基于超混沌序列的Feistel结构图像加密算法[J].计算机应用研究，2014，31(4)：1199-1203.